玉米象成虫

成虫

长角扁谷盗

烟草甲成虫

豌 豆 象

豌豆象成虫

四纹豆象成虫

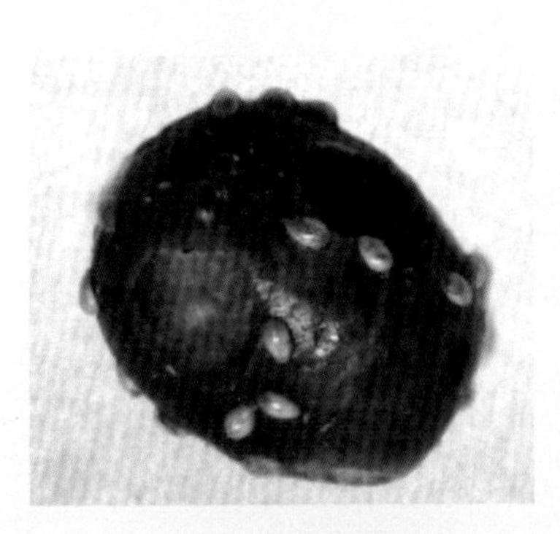

四纹豆象为害状

赤拟谷盗成虫

赤拟谷盗头部腹面观

杂拟谷盗头部腹面观

锯谷盗成虫

大谷盗成虫

脊胸露尾甲成虫

印度谷螟幼虫和蛹

印度谷螟成虫

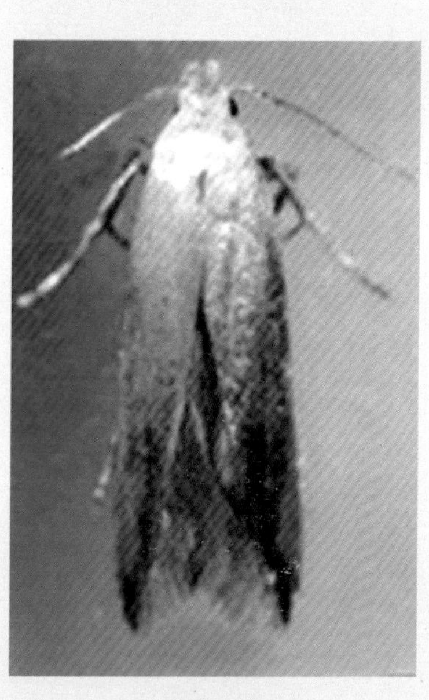

麦蛾成虫

粮食与种子贮藏技术

主　编
张宏宇
副主编
熊鹤鸣　陈浩梁　黄胜威
编著者
（按拼音排序）
陈浩梁　黄胜威　林璐璐
宋旭红　夏长秀
熊鹤鸣　张宏宇

金　盾　出　版　社

内 容 提 要

本书由华中农业大学植保系张宏宇教授等编著。主要内容包括：粮食与种子贮藏概述，粮食与种子贮藏条件与设备，贮粮的干燥与通风，粮食与种子贮藏期的主要害虫、微生物及啮齿动物，粮食与种子贮藏期的有害生物调查与综合防治，以及主要粮种的贮藏技术。

本书内容丰富，通俗实用，可供各级粮食贮藏单位工作人员和贮粮的农民朋友学习使用，也可供农业院校相关专业师生阅读参考。

图书在版编目(CIP)数据

粮食与种子贮藏技术/张宏宇主编．—北京：金盾出版社，2009.6

ISBN 978-7-5082-5699-3

Ⅰ．粮… Ⅱ．张… Ⅲ．①粮食—贮藏②种子—贮藏 Ⅳ．S379 S339.3

中国版本图书馆 CIP 数据核字(2009)第 051791 号

金盾出版社出版、总发行

北京太平路 5 号(地铁万寿路站往南)

邮政编码：100036 电话：68214039 83219215

传真：68276683 网址：www.jdcbs.cn

封面印刷：北京印刷一厂

彩页正文印刷：北京天宇星印刷厂

装订：北京天宇星印刷厂

各地新华书店经销

开本：787×1092 1/32 印张：6.125 彩页：4 字数：135 千字

2009 年 6 月第 1 版第 1 次印刷

印数：1～10 000 册 定价：10.00 元

前　言

我国是农业大国，人口众多。进入20世纪90年代，我国粮食产量稳中有升，年粮食总产量基本稳定在5亿吨左右，人均粮食占有量为400千克，达到世界平均水平。1990年我国建立国家专项贮备制度以来，基本形成国家、地方和农户三级粮食贮备系统，粮食总库存占全年粮食总产量的40%～50%。2003年初国家粮食总库存在2.4亿吨以上，农民存粮总量约1.2亿吨。

粮食在贮运过程中常遭受到虫、霉、鼠的严重危害，导致贮粮损失巨大，品质陈化严重，粮食霉变，甚至产生具有强烈毒性和致癌性的毒素。据报道，全世界贮粮因害虫而造成的损失高达10%。我国由于粮食贮备量大，贮藏期长，有些地方和农户贮粮中存在着许多不足之处，使每年粮食收获后的损失高达8%，其中由贮粮害虫造成的损失达到3%～5%。

因此，粮食和种子的贮藏在农业生产中的地位越来越重要，再加上我国改革开放的深入，加入世贸组织后粮食和种子的国际贸易量增大，也对粮食和种子的贮藏提出了更高的要求，所以如何科学安全地贮藏粮食和种子成为广大人民群众尤其是农民朋友非常关心的一个问题。为促进当前粮食和种子贮藏的发展，满足广大农民朋友以及基层粮食部门工作者对粮食和种子贮藏方面科学理论知识的需要，在金盾出版社和“十一五”国家科技支撑计划(2006 BAD02A18-03和2006 BAI 09B04-06)的大力支持下，我们编写了《粮食与种子贮藏技术》一书。

本书是在长期教学、科研的基础上，参考目前国内外粮食和种子贮藏科学领域研究的进展和成果编写而成，是各级粮食贮藏单位工作人员和农民朋友学习、掌握粮食和种子贮藏技术的好帮手。

由于编写时间仓促，书中难免存在不足之处，敬请广大读者批评指正。

编 著 者

2008 年 4 月

于武汉狮子山

目　录

第一章　粮食与种子贮藏概述

一、粮食与种子贮藏的目的与意义

(一)粮食贮藏的目的与意义

粮食是人类生存和发展最基本的生活资料，粮食商品在使用上具有普遍性、经常性和不可替代性。粮食生产周期长，季节性强，粮食消费却存在经常性和连续性，这就要求人们在粮食生产之后进行粮食贮备，以备人类生产和生活之需。

粮食生产具有很强的地理性，不同地理环境适合不同的粮食生长，不同地区所产粮食的品质也有很大不同。为了满足不同消费人群的需求和人类的生存需要，就需要把粮食由生产地调往消费地，或是把不同地区或者国家间的粮食进行转移。为了使粮食能够及时、足量地调运，必须建立完善的粮食流通系统，其中较为关键的一环就是建立完备的粮食贮藏机制。

粮食不仅是人们一日三餐不可缺少的基本生活资料，同时也是食品、化工和医药工业的重要原料。据统计，我国轻工业所需的原料有70%来自农产品和粮食，酿酒行业每年消耗粮食200亿千克。因此，为了保证与粮食相关行业的正常生产和发展，就必须保证有充足的粮食供应，也就是要有足量的粮食贮备。

近年来，随着世界石化贮备的逐渐减少，粮食能源化越来越引起人们的重视，美日欧加快“粮食与能源结合战略”，引发了全世界范围内关于食物和燃料的辩论，导致世界主要玉米产区玉米贮备下降，并引起全球粮价居高不下，进而引起农产品市场结构性变化和粮食贮存模式的变化。

相对于这些国家对粮食能源化的积极态度，我国政府对粮食能源化采取了限制和严格控制的举措，这是由中国的基本国情决定的。首先，我国是人口大国，可耕地资源有限，人口快速上升与可耕地面积持续递减并存，农业基础比较薄弱，生产机械化程度较低，加上近年来自然灾害的频繁发生，就必须加强粮食贮备工作，保证有充足的人畜用粮。其次，市场经济的全球化发展，使得我国与世界的粮食价格相互影响、相互作用加强。我国粮食贮备的多少影响世界粮食价格的波动，反过来，世界粮食价格的升降也反作用于我国的粮食贮备。粮食能源化的持续发展，必然会导致国际市场粮食贸易量的减少和价格上涨，就会增加我国在世界粮源、粮食价格方面的波动性。有关专家指出，减少这种被动性最可行的方法就是依靠自己强大的粮食贮备，利用国际市场的粮食和土地资源，以增加的粮食生产反哺国内的粮食贮备。此外，为了增加农民收入，保证我国农业可持续发展，稳定国内粮食产业、粮食市场乃至整个市场经济发展稳定，必须要重视新时期的粮食贮藏工作。

(二)种子贮藏的目的与意义

种子是生命活动的有机体，是农业、林业最基本的生产资料。农业和林业生产有较强的季节性，加上自然条件、产业结构调整以及救灾备荒用种的需要，种业部门必须越年或者多年存贮一定数量的供生产用的种子。在人类发展史上，种子的贮存一直是农业生产的一个重要环节，随着社会生产力的发展，人类对周围环境的破坏越来越严重，不合适的生长环境给植物造成了一定的生存威胁。再者，由于人为因素影响，造成一些野生的植物品种在人们的日常生产和生活中逐渐消失，生物多样性遭到了极大的破坏。建立种质贮备库，从而增加人类面临生态多样性消失危机时的生存希望，成为人类的迫切需要。

二、国内外粮食和种子贮藏概况

（一）国内外粮食贮藏概况

我国的贮粮技术有着悠久的历史，先民有意识贮粮的历史至少有七千到一万年。在贮粮设施方面，先后出现了“杆栏式”贮粮仓廪、土体地下贮粮窖穴，砖砌地下仓、房式土墙通风粮仓和楼房仓等各式贮粮设施。防虫、防鼠、通风和密闭等贮粮技术很早就被采用。对于粮食贮藏的研究始于20世纪初；50年代中期逐渐的深入和系统化；改革开放后，人们才在理论研究和实际应用方面取得巨大成就。随着科技的进步，贮粮设施建设实现了跨越式发展，新技术新装备得到了广泛应用，粮食贮藏管理形成了较为规范的模式，粮食贮藏技术标准逐步完善。

我国的粮食贮备主要由中央贮备、地方贮备和农户贮备三级贮备构成。粮食贮藏的类型包括：常规贮藏、气调贮藏、温控贮藏和真空（减压）贮藏。

常规贮藏近年来被是指多年来被粮食系统普遍采用的在

常温常湿条件下按照以预防为主和综合防治的方针进行一系列简单实用的管理措施，以达到安全贮藏的目的。常规贮藏一般在普通房式仓中进行，是我国广大粮库普遍采用的基本保粮方法。

气调贮藏是指将粮食贮藏在特定气密环境下，采用各种方法，降低粮堆内的氧气含量，加大二氧化碳含量，必要时加入另外的气体，以消灭害虫和抑制真菌，从而达到安全贮粮的目的。

温控贮藏是指控制贮藏粮食的温度，通过高、低温影响贮粮生理、生化和生物学作用，达到抑制粮食的生命活动和虫、霉的繁殖，保证贮粮安全的技术。

真空（减压）贮藏是利用抽气减压的方法，即用抽气装置将密封良好的粮堆中的空气抽出，降低粮堆中的氧气浓度甚至使其接近无氧状态，并长时间地保持，以达到保鲜和杀虫、防虫的目的，真空贮藏实质上是一种控压贮藏方法。2001年，我国在四川省绵阳市建成了第一座现代化的二氧化碳气调库，江苏省南京市、上海市、安徽省六安市、江西省九江市等相继应用该技术。2007年，中贮粮南京直属库采用氮气气调贮粮技术。2008年，第八届气调与熏蒸大会在成都举行，这也是国际社会对我国在气调贮粮领域取得成绩的充分肯定。

在理论研究方面，20世纪70年代，著名的仓库昆虫专家李隆术教授提出了粮堆生态系统的观点，对玉米象、谷蠹、麦蛾、腐食酪螨等10余种仓虫和螨类的生物学、生态学和防治进行研究，积累了大量科学资料。粮食贮藏专家靳祖训教授在进行了详细研究后指出：我国的粮食贮藏工作必须走可持续发展道路，粮食贮藏必须以仓贮生态学和贮藏安全学为依据。这一系列理论的提出标志着我国粮食贮藏学的长足进步和具有中国特色的生态贮粮理论体系的建立，并且说明我国的粮食贮藏正由粗放型管理向精细化管理过渡。1990年我国农业部提出了“绿色食品工程”，1992年成立了中国绿色食品发展中心，推行“绿色食品”认证制度，实行食品生产全程质量控制，并在质量标准体系、认证程序、监管措施、标志管理等方面形成了较为完善的制度体系。从而把贮粮害虫防治的侧重点放在生物防治、植物次生物质和人工利用光电诱捕、辐射等方法上来，提出和建立了相当完善的无公害综合防治技术理论体系。贮粮害虫检测方法也由原来的直接检查法、扦样检查法、诱集检测法等人工检测方法，发展到较少依赖人力的电子等检测方法。此外，使用的熏蒸剂型、剂量及熏蒸方式也有了很大变化。

国外为延缓粮食劣变最常采用的贮粮技术有4种，即机械通风法、低温贮粮法、气调贮粮法、惰性粉贮粮法。这4种贮粮方法都采用了无污染、无公害的贮粮技术。

各国的粮食贮备体系和管理并不相同。美国的粮食贮备由商业信贷公司负责，分国家和农场主两级贮备库。加拿大粮食管理具体操作者是农村收购站、粮食中转站、粮食终端站。这三级粮食作业单位全部归私人所有，并实行自由经营，自负盈亏。欧盟的粮食贮备体系由三级组成，即收纳库、中转库、加工厂原料库，粮食贮备主要实行国家采购，即按照“干预价格”收购农民的粮食。日本国家贮备粮由各地粮食事务所管理。印度管理粮食的政府机构是共和国居民用品供应部，该部下设粮食、油脂两个平行的公司分管粮油。澳大利亚粮食贮存、处理基本上是由五个分散处理机构承担，每个大陆州各一个。国外近20年对仓贮害虫的防治主要有低温防治、惰性粉防治、诱捕器防治和辐射防治等物理防治方法，还有研究较多的信息素、生物天敌等生物防治方法和气调防治法。

1992年，溴甲烷被联合国环境规划署列为破坏大气臭氧层物质的受控名单，2015年，将在发展中国家完全停止使用，至此我们可以继续使用的品种只有磷化氢。但是，随着贮粮害虫对磷化氢抗性的增强，这一使用药剂也面临挑战。于是，世界各国科学家致力于新型熏蒸剂替代剂的研制开发。在开发可用于熏蒸粮食的新品种中，已获得本国专利的有氧硫化碳（澳）、乙二腈（澳）和甲基膦（英），可用于空仓杀虫的有硫酰氟（德）。此外，国外还提出了熏蒸剂以及使用二氧化碳气调后气体排放对环境的污染问题。

（二）国内外种子贮藏概况

由于种子在人类生产、生活中的重要作用，世界各地都非常重视种子的贮藏工作。贮藏的种子一方面可以满足人类目前农业和林业生产需要；另一方面可以作为种质资源，为将来人类生产生活提供保证，还可成为保证整个地球生态多样性的一种手段。

种子的贮藏必须要以保证种子的生活力为前提，即种子的各种贮藏方法和所处的各种存贮条件都要能保证种子的发芽率。

种子的贮藏方法很多，不同植物的种子具有不同的生理特性，如种子的休眠习性，种子的寿命长短等。不同植物种子应采取灵活的贮藏方法，应用较多的有沙藏、干藏和低温贮藏等。尤其对于一些野生植物的种质资源，由于人类对其习性的研究不多，在贮藏这些种子时更应谨慎对待。

贮藏种子的过程，实际上就是创造适宜的环境，使种子保持良好生活力的过程。种子贮藏期间，籽粒本身的生理状态使种子具有很大的发热与出汗潜力，当贮存环境条件不适宜时，种子就可能发热，甚至霉变。种子的贮藏和粮食的贮藏一样，也要时刻防止贮粮害虫的危害。

为了更好地进行种子贮藏，国内外专家学者进行了大量的有关种子贮藏环境、贮藏技术的研究，其中更多关注的是贮藏条件对种子的影响和种子经过不同环境贮藏后品质的变化。

在对种子贮藏特性及种子贮藏后品质变化等研究的同时，国内外在种子贮藏库房等硬件设施建设方面也有了很大的进步。种子仓库的类型可分为普通贮藏库、冷藏库，以及以保存种质资源为目的的种质资源库。

随着科学的进步和种业的发展，许多发达国家除建立高标准的国家品种资源库以外，一般都建有恒温恒湿库。传统的温控贮藏主要有高温贮藏、低温贮藏、准低温贮藏、谷冷机低温贮藏以及地下贮藏等方式，而恒温恒湿库是具有自动控制的制冷设备和保持恒温恒湿设备的钢结构种子库房。在日本，地区性的种子库按用途不同可分为品种资源库、原种贮藏库和种子中心库。其中，品种资源库要求贮存时间为 10 年左右，贮藏温度控制在 0℃～5℃，相对湿度为 30%；原种贮藏库是为大田生产服务的，贮藏期一般为 3 年，其温度控制在 15℃以下，相对湿度仍保持在 30%；种子中心库是直接供应生产用种的，要求与一般仓库相同，不控制温湿度。我国种子库的主要结构形式源自粮库建筑，各地因地制宜、因材制宜的仓库形式很多。主要有房式仓、拱形仓、土圆仓、地下仓和机械化圆筒仓。房式仓是我国目前已建仓库中数量最多、容量最大的一种仓型，但是该仓的机械化程度较低，不能很好地利用种子的自流性，流通费用较高，不宜做周转仓。拱形仓有很好的防火和密封性能，但是气温变化较大时仓内温度和仓体极易发生变化和损坏，因此在种子库中数量不多。土圆仓结构简单，但是防潮隔热性能差，不适宜种子的长期贮存。地下仓具有投资较少、温度稳定、密封性好等优点，可较好地用于贮存种子。2008 年，挪威在北极地区 −18℃条件下的山洞中兴建的被称为“植物界诺亚方舟”的种子贮藏库，就属于地下仓。目前，我国也相继出现了一批恒温恒湿种子库，这是我国种子库房建设的进步。

第二章 粮食与种子贮藏条件及设备

仓库是贮藏粮食和种子的场所，也是粮食和种子生存的环境。环境条件的好坏，直接影响到粮食和种子的贮藏时间、品质和安全。因此，良好的仓库是贮藏好粮食和种子的必要条件。

一、粮食与种子贮藏的硬性条件

（一）仓库的要求

1. 建仓地理位置的选择 建造贮藏粮食和种子的仓库前，必须做些必要的调查研究工作。以便确定建仓地点，计划仓库的类型和大小。有时，不但要考虑该地区当前的生产特点，还要考虑该地区的生产发展情况及今后的远景规划，使仓库布局既合理，又经济实用。建造粮食和种子仓库的地点应符合以下几点要求：

（1）地势和地形 仓基以选在坐北朝南、地势高燥的地方较好，以防止仓库回潮和地面渗水，特别是在地下水位较高和雨水较多的长江以南地区。这要求必须根据当地的水文资料及群众经验，选择地下水位低的高地、高于洪水水位的地点或加高仓库地基建仓。

（2）地质条件 建仓地段的地质必须坚实稳固。有坍陷可能的地段不宜建仓。一般粮食和种子仓库要求的土壤坚实度，为每平方米面积上能承受10吨以上的压力，否则必须加固仓库四角和砖墩的基础，以避免贮藏期间因仓库房基下沉或地面断裂而造成粮食和种子的不必要损失。

(3)交通便利　主要是指运输便利。建仓地点一般尽可能靠近铁路、公路或水路运输线。

(4)在服务地区中心建仓　建仓地点应尽量接近粮食及种子繁育和生产的基地，以减少运输过程中的费用。

2. 建仓的要求

(1)防湿　干燥是粮食和种子贮藏的基本要求。粮食和种子在贮藏期间水分太高会加快呼吸作用、发热和真菌生长，甚至会促进粮食或种子萌发，严重影响贮藏物的品质。因此，在仓库的结构上，必须考虑防湿。通常最易引起贮藏物受潮的是地坪返潮、仓墙和墙根透潮和仓渗漏。为此，这些地方所用的建筑材料都应是防湿材料。

(2)防热　仓库外气温的变化、日光对仓库内温度的影响和贮藏物的温度，都会对贮藏物的品质造成影响，特别是在高温的季节和地区，仓库需要有良好的隔热性能，以减少高温对贮藏物的影响。大气热量主要是通过两条途径传入仓库内，一是屋顶，二是门窗和墙壁。仓库受热后，大量的热量通过屋面材料向仓库内传递。因此，对导热建材的选择是有必要的。各种建筑材料的导热系数如表2-1所示。

(3)通风与密闭　通风的目的是散去仓内的水汽和热量，以防粮食和种子长期处在高温高湿条件下因发热导致霉变，进而影响粮食的品质和种子的生活力。密闭的目的是隔绝雨水、潮湿或高温等不良气候对粮食和种子的影响，并使药剂熏蒸杀虫达到预期的效果。目前在机械通风设备尚未普及的情况下，一般采用自然通风。自然通风是根据空气对流原理进行的，因此门、窗以对称设置为宜；窗户以翻窗形式为好，关闭时能做到密闭可靠。窗户位置高低应适当，过高则屋檐阻碍空气对流，不利通风；过低则影响仓库利用率。

表 2-1　各种建筑材料的导热系数

材料名称	容　重（千克/米^3）	导热系数 千焦/(米·时·℃)	材料名称	容　重（千克/米^3）	导热系数 千焦/(米·时·℃)
沥　青	900～1100	0.03～0.04	沙　子	1500～1600	0.45～0.55
聚苯乙烯泡沫塑料	20～30	0.035～0.04	普通标准砖	1500～1900	0.5～0.8
软木板	160～350	0.04～0.08	砖砌体	1400～1900	0.5～0.8
膨胀珍珠岩	90～300	0.04～0.1	玻　璃	2400～2600	0.6～0.7
膨胀蛭石	120	0.06	水泥砂浆	1700～1800	0.7～0.8
矿渣棉	175～250	0.06～0.07	一般混凝土	1900～2200	0.8～1.1
散稻壳	150～350	0.08～0.1	毛石砌体	1800～2200	0.8～1.1
木　材	500～800	0.15～0.2	钢筋混凝土	2200～2500	1.25～1.35
多孔性砖	1000～1300	0.4～0.5	水　泥	1200～1600	1.48
矿渣混凝土	1200～2000	0.4～0.6	钢　梁	7600～7850	45～50

注：引自中国农业大学出版社《种子贮藏原理与技术》

(4)防虫、防鼠、防雀、防杂　仓库内房顶应设天花板，内壁四周须平整，且用石灰刷白，便于查清虫迹。仓库内不留缝隙，既可防止害虫在此栖息；又便于清理粮食，防止混杂。仓库门须装防鼠铁皮板，窗户应装铁丝网，以防鼠、雀乘虚而入。

(5)防火　仓库建筑物要配备专门的防尘、防火的电源插头和开关，特别是在粮食和种子加工区里，这样可以极大地减少因电引起的火灾机会。同时，所有的电源线路应当防鼠。

(6)仓库附近应设晒场、保管室和检验室等建筑物　晒场用以干燥或处理进仓前的粮食和种子，其面积大小视仓库而定，一般以相当于仓库面积的1.5～3倍为宜。保管室是贮放仓库器具的专用房间，其大小可根据仓库实际需要和器具多少而定。检验室须设在安静而光线充足的地区。根据需要可设立熏蒸室，用于粮食和种子的熏蒸及包装用品的熏蒸处理。

3. 仓库的检修　粮食和种子入库前应对仓库进行全面的检查和维修，以消除粮食和种子在贮藏期间存在的安全隐患。仓房检查应先从大处着眼，仔细检查仓房是否有下陷、倾斜等迹象，如有倒塌的可能就不能存放粮食和种子。其次，从外到里逐步检查，如房顶和墙壁是否渗漏，仓内地坪是否平整光滑等，发现存在这些现象应及时补修。同时，仓内不能留小洞，以防老鼠潜入。新建仓库有必要作短期试存，以检验其可靠性。试存结束后，即按建仓要求检修，确定安全可靠后，粮食和种子方可在此长期贮藏。

(二)仓库的类型

不同贮粮生态地域有不同的仓型，这是涉及经济、地理、气候和粮食或种子生产、流通性质、作业方式、贮藏规模、经营管理等多方面的复杂问题。仓型选用适当，不仅能使仓库得到充分合理的利用，而且使日常的生产和管理更加方便，可达到投资小、效益高、占地少的目的，更有利于充分利用当地的资源，也会更有利于粮食和种子的安全贮藏。因此，仓库类型的选择对粮食和种子贮藏具有极其重要的作用。目前我国主要有以下几种仓库类型。

1. 房式仓

(1)房式仓的类型和特点　房式仓外形如一般住房。在我国，房式仓主要分为散装仓和包装仓两大类。其中散装仓较多，它的仓壁具有抵抗粮食或种子侧压的能力；而包装仓除用作粮食或种子加工厂的成品粮仓房外，一般很少专门建造。散装房式仓根据仓体结构又可分为砖木结构的“苏式仓”、“苏式仓”改造的房式仓、砖混结构的房式仓及高大房式仓。

砖木结构的“苏式仓”装粮线低（为 2～2.5 米），跨度为 20 米左右，仓容小，仓房内有许多木柱，不利于机械设备的移动和出入，但这类仓在我国房式仓中占绝大多数比例。“苏式仓”改造的房式仓，是指在“苏式仓”的基础上，经升顶加高、换顶加高、去内柱、加墙柱、下挖仓底增加出粮输送线、增加机械通风系统、吊顶隔热等改造后的房式仓。砖混结构的房式仓多采用砖墙和混凝土仓顶。装粮高度在 3～4.5 米，仓顶形状有双坡面、水平面、折叠状、拱形等。高大房式仓，仓身高、跨度大，多采用了砖混结构，也有一部分采用内有一层隔热材料的双层彩板的仓顶。装粮高度 6 米，跨度有 6 个跨度系列，分别为 21 米、24 米、27 米、30 米、33 米和 36 米。仓顶形状以双坡面为主，也有平顶形状。

房式仓的建筑形式及结构比较简单，取材容易，施工方便，建设周期短，造价低。目前房式仓占我国贮粮仓库的 70%～80%，根据我国的实际情况和使用经验，有一定的使用价值和优点。但房式仓因占地面积大，接收太阳热辐射量大，密闭性差，机械化程度低，防鼠和防火性能差等问题，现已被逐渐拆除改建。依据房式仓的特点，在土地资源不太紧张的地区和周转系数较低的贮备仓适合建造散装房式仓。包装房式仓适用于城市供应库及加工厂的成品仓房。房式仓也适用于短期贮藏，小批量粮、小品种粮的贮藏。此类仓容量一般在 15 万～150 万千克不等。

(2)*房式仓的建筑构造*　房式仓的平面形状一般呈矩形，且力求仓容大、占地面积小、省材、施工简单。矩形平面的房式仓能很好地满足仓库机械化运输直线型要求，使仓库工艺流程简单，设备布局方便，利于贮粮的进出仓，同时便于提高粮仓工艺的机械化。仓容量相等时，矩形截面的房仓跨度要比正方形房式仓的跨度小得多，因此，采用矩形截面的仓房可使仓库建筑结构简单，降低造价，节约土地面积。

房式仓的仓间长宽比一般为 2∶1～3∶1，其跨度一般在 18 米以下取 3 米的倍数，18 米以上取 6 米的倍数。但实际上我国通常采用 3 米的倍数，有 36 米、33 米、30 米、27 米、24 米、21 米等。仓库内的柱距应考虑施工场地的大小、地形、地质、当地施工技术、设备条件、当地构件生产规格等因素。当选用预制大型钢筋混凝土屋面板时，一般用 6 米间距，其他形式的钢筋混凝土屋面板常采用 3.6～4.8 米的间距。仓库高度主要取决于粮食或种子贮藏要求，包括保管要求、堆装方式、堆的高度、机械设备种类、建筑结构等因素。粮堆堆装方式有平堆和“升萝式”堆两种，不同的堆装方式和仓库壁承压能力大小影响到仓库的粮堆高度，“升萝式”堆装高度大些。通常房式仓的仓壁承受着较大的粮堆侧压力，且侧压力的总值与粮堆高度的平方成正比。如果粮堆增高，仓库的墙体厚度必须增加。但厚度增加过厚，建筑方面的经济性必然下降。有时考虑到仓库的管理和节约用土，常把几栋房式仓组合在一起。组合的原则是依据地形、输送形式、工艺流程和建筑结构等条件的优化而定。为方便机械化输送，常采用沿房式仓长向延伸的方式组合，其组合长度一般以不超过 150 米为宜，以防对交通和地基造成不利影响。在组合过程中还应考虑到防火的要求，因此，每栋仓库间要留有 20～30 米的通道，每排仓库间也应留有 25～50 米的间距，这些空地同时也能满足晒粮、打露天垛、暂存设备器材等的需要。

(3)房式仓仓容的计算　仓容量的计算通常是以能容纳的粮食或种子的重量来做计算单位的。仓容的计算可参照下列公式进行。

平堆式仓容：$E=ABH\gamma$

式中，E 代表仓容量，单位为吨；B 为粮堆宽度也就是仓库跨度，单位为米；A 为粮堆长度即仓库长度，单位为米；H 为粮堆线高度，单位为米；γ 为粮食容重，单位为吨/米^3。

升萝式堆粮方式是将粮食下部堆成一长方体，上部堆成一四棱台，如图 2-1 所示。

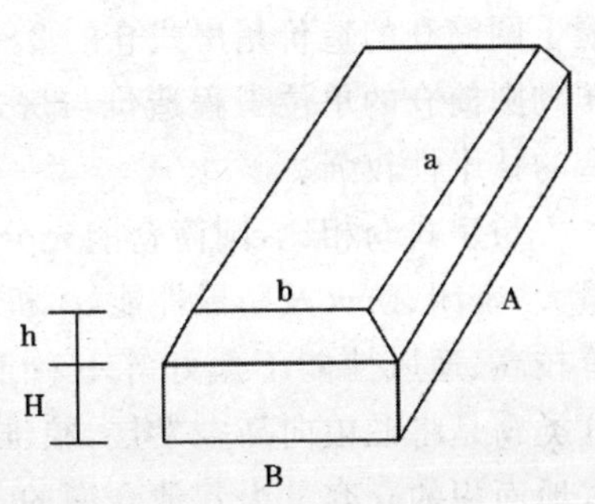

图 2-1　升萝式堆粮

升萝式仓容的计算公式：

$$E=\gamma[ABH+1/3H(ab+\sqrt{Abab}+AB)]$$

式中，E 为仓容量(吨)；γ 为粮食容重(吨/米^3)；A 为仓库长度(米)；B 为仓库跨度(米)；a 为粮堆顶部长度(米)；b 为粮堆顶部宽度(米)；H 为上部四棱台高度(米)。

2. 圆筒仓

(1)圆筒仓的类型和特点　仓体整体外形呈圆筒状，但有时筒仓的单仓平面形状可能是方形、矩形、正六边形、正八边形等，一般的机械化圆筒仓是由一组或数组不等的筒体与工作塔组成一个完整的体系。在我国有立筒仓和浅仓两种圆筒仓，当仓库的仓壁高与直径的比值大于或等于 1.5 时为立筒仓也叫深仓；仓库的仓壁高与直径的比值小于 1.5 时称为浅仓。目前，世界各地发展较迅速的一种筒仓为薄壁钢板筒仓，逐渐淘汰了过去的木筒仓。钢板筒仓具有自重轻、对基础要求低、强度高、气密性好、施工期短及造价低等突出优点，将比钢筋混凝土筒仓和砖混结构筒仓更受欢迎。但钢板和钢筋混凝土圆筒仓的造价是房式仓的 2～3 倍，而低于楼房仓。虽然砖砌圆筒仓的单位工程造价与房式仓基本相同，但圆筒仓建造的技术性较强。

与房式仓相比，圆筒仓能充分利用空间、节约用地，仓容量大，密闭、防火及防鼠性能好，机械化程度也高，但也存在造价较高、通风性能不太好等不利于贮藏粮食或种子的问题。这类仓是将贮粮向高空发展，粮堆高，其仓容量也较大，单位占地面积的仓容量为其他仓型的 4～6 倍。因一般筒仓没门窗，只有进出粮口和通风口，故其密闭性较强，能较好地防虫、鼠及雀，也利于熏蒸和气调。圆筒仓的特性决定了其只能散装，与设备集中的工作塔配合使用，可以达到高度的机械化和自动化，使生产效率提高，节省人员，工艺流程大大缩短，处理费用也大大降低。基于这些优点，这种仓更适合周转系数高的中转库、港口库和粮食加工厂的原料库。

(2)圆筒仓的建筑构造　圆筒仓的布置通常有单列、单排、排列组合及筒围等多种形式，具体建成怎样的形式，应依据贮藏工艺、筒仓群的个数、地形地质和施工条件等实际情况，再经过技术经济比较分析之后确定。单列布置形式通常是发生在筒仓直径大于 18 米的自重容重均较大的圆形筒仓，或是由于筒仓结构、工艺制造和安装的形式不同，导致单仓之间不能采用彼此相切的排列方式时。单列的筒仓在数量较多时，多采用单排布局的方式，而排列组合的布置是圆筒仓仓群最常采用的形式。排列组合的形式是指仓壁外圆相切的连接方式，这种布置方式明显减少了外围筒仓的数量，降低了外界环境因子对仓内粮食或种子的影响。排列组合形式圆筒仓的排列形式可分为行列式和错列式两种，现在应用较多的是行列式。通常一组仓群一般排数为3～4排，每排5～6个筒仓，其长度一般不超过50米，仓群的长宽比不大于3，这样有利于筒仓下层的通风和采光。筒围仓形是目前采用最少的一种布置形式，主要是由于其进出粮的工艺较复杂，建造也较麻烦造成的。其建造形式是四周由数个筒仓围成，中间是一个大仓，中间大仓以四周的小筒仓为其仓壁形成，大仓的筒体成为星仓，星仓中设有符合贮粮工艺要求的各种清理、除尘、称重、运输等设备。

不同圆筒仓的构造尺寸是不一样的。对于钢筋混凝土筒仓来说，当圆形筒仓的直径小于或等于12米时，一般选用2的倍数；直径大于12米时，通常采用3的倍数。现行的钢筋混凝土圆形筒仓直径有30米、27米、24米、18米、15米、12米、10米、8米、6米等，其仓高一般不低于21米；仓越高时，仓壁的厚度也应增加，通常壁厚不应小于160毫米。钢板筒仓的构造尺寸可根据用户的需要或由制造企业来确定，直径可在3.5～20米，高度在30米以内。我国砖混筒仓所用材料强度不高，直径一般在4～10米之间，仓高为12～15米，极少数超过20米，仓壁厚度不得小于240毫米，往下厚度逐渐增加，也可采用变截面仓壁，其上部厚度可采用240毫米。目前常见的砖混筒仓直径为6米、8米，常见高度为12米、15米。

(3)圆筒仓仓容的计算　圆筒仓示意见图2-2。

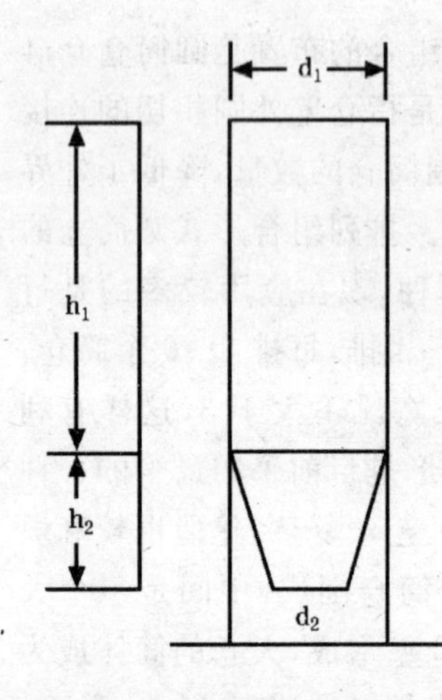

图 2-2　圆筒仓示意图

单仓仓容量计算公式：

$$E=[(\pi/4)d_1^2h_1+(\pi/12)h_2(d_1^2+d_1d_2+d_2^2)]\gamma$$

式中，E 为圆筒仓单仓仓容（吨）；d_1 为筒仓直径（米）；h_1 为筒仓圆柱部分装粮高度（米）；h_2 为筒仓下部圆台高度（米）；d_2 为筒仓底部出粮口直径（米）；γ 为粮的容重（吨/米^3）。

3. 土圆仓　又叫土圆囤。仓体呈圆筒形，是用黄泥、三合土或草泥建成。在我国有草编、毛竹编、柳条编、草坯混合和砖石砌造等类型，砖石砌造类型与前面提到的圆筒仓的砖砌型是一样的。土圆仓结构简单，造价低廉，是以黏土、稻草、麦秸或竹等为主要材料叠筑起来的，只有门、窗、支架和屋顶需少量木材，同时它坚固耐用，能防鼠、雀、台风和地震，适宜农村，尤其适于气候干燥的北方粮食或种子的贮藏。但土圆仓的密闭性能没有大仓好，防潮和隔热性能也差，其仓内温度易随大气温度的升降而变化，变化速度也较大仓快，对仓内表层粮食或种子的贮藏不利。据调查，土圆仓的表层粮食或种子经夏季和冬季的贮藏后，其水分比入仓时增加近 5%，而其他各仓仅增加 1%～2%，这将会影响到贮藏的粮食或种子的品质和生活力。土圆仓的仓容量一般为 0.5 万～10 万千克。依据当前农村建造的土圆仓类型，高一般普遍为 3～4 米，容量直径有 3 米、4 米、5 米、6 米、8 米、9 米等多种型号。

4. 楼房仓　也叫多层的房式仓，常作为粮食和种子加工厂的成品仓库，仓内的粮食或种子多为包装好的。楼房仓可充分利用空间，节约用地，但造价高，适用于我国人多地少的地区，特别是一些土地资源紧张的发达城市如广州、珠海及上海等地的成品粮食或种子的贮藏。楼房仓建造时多采用矩形或矩形组合形式，楼高度一般以四层为宜，通常不超过六层，层高多数为 4～6 米，各层层高可以相同，也可以不同，大多数情况下第一层高于其他层高。目前我国楼房仓的结构主要有框架式结构和混合式结构。框架式结构是由梁、柱构件通过节点连接构成的空间结构，而多层框架可采用钢、钢筋混凝土或合金材料建造。现在多采用钢筋混凝土材料，这种框架结构具有强度高、耐火性能好、抗震性好、造价低等优点。混合式结构指楼房的构件是由不同建筑材料制成的，如楼盖通常用钢筋混凝土，而墙体用砖砌成。

二、粮食与种子贮藏的附属设备

为了便于粮食或种子贮藏期间的管理、检查及化验，同时提高管理人员的技术水平、工作效率和减轻劳动强度等，仓库应配备相应的附属设备，以确保粮食或种子的安全贮藏。

（一）检验设备

粮食或种子入库贮藏时，其品质会发生很复杂的变化，为了及时掌握其在贮藏期间的变化动态和进出仓时的品质，必须对其进行检验，因此相应的检验室和检验设备是必需的。检验室的大小视粮食或种子贮藏的业务大小而定。检验设备应按所需测定项目来设置。通常需测定的项目有粮食或种子的水分、杂质、病、霉、虫害和发芽率等，与之相关的一些仪器有水分测定仪、测温仪、油脂分析器、烘箱、发芽箱、容重器、显微镜、扩大镜、筛子等。

（二）加工设备

加工设备主要针对种子而言。当种子入出库前，需要对其进行加工，其加工设备有清选、干燥及药剂处理设备。清选设备又有粗选和精选两种。干燥设备包括晒场、干燥机及干燥室。药剂处理设备有消毒机、药物拌种机和包衣机等，可对种子消毒灭菌，以防止种子带病蔓延。

（三）熏蒸设备

粮食或种子入库前后，由于病、霉、虫的感染，会引起质量损失或品质的下降。因此，定期对其熏蒸与消毒是必需的。熏蒸的设备通常包括各种型号的防毒面具、防毒口罩、投药器具、喷雾器、探管及安全有效的熏蒸剂等。

（四）机械通风设备

当自然风不能降低仓内温湿度时，必须采用机械通风。通风设备主要包括管道和风机。管道有地下和地上两种，风机也有鼓风和吸风两种方式，一般情况下吸风比鼓风的通风方法要好。

（五）运输设备

粮食或种子入库时，为了提高工作和种子贮藏效率，有必要实现机械化运输。目前一般常用的运输设备有以下几种。

1. 电动气流输送机 此机件设备是由电动机、风机、料斗、入料管、运输管、机架及行走轮等部件组成。使用时要注意启动前将进风门关闭，启动后进风门打开。轴承每周注黄油一次，且要经常检查风机是否运行自如，以免发生意外事故。

2. 平板型电动输送机 输送机的主件是金属架，上层架上设有运输带，带宽一般为30～50厘米，运送带靠电动机引带转动。运送机下设两个地轮，以便移动到需要的地点运输粮食或种子。输送机的大小和生产能力是由带的宽度和移动速度来决定的，具体的应根据需要来选用不同的输送机型号。

3. 人力输送机 人力输送机由机架、转动和升降三部分构成，其中除了转动装置为铁制外，其余部分主要由木料制成，如机架、上下托滚、鼓轮等都是木制品。其特点是结构简单，使用轻巧灵便，能随意移动，可人脚踏输送种子，也可用小电机带动。

4. 斗式提运器 斗式提运器设有螺旋式沉降器，用链条连接，由电机带动链条转动，将粮食或种子向上提运。此机一般在种子清选或入库过程中向入料斗输入种子时或向仓库内运输粮食或种子时采用。

以上几种运输设备可以配套使用，进行联合作业。

(六)计算机设备

计算机技术的快速发展，使贮粮仓库自动化管理成为可能。利用电脑可控制各种粮食或种子仓库的贮藏条件，以达到依据不同的粮食或种子提供与之相适宜的贮藏条件。电脑设备是仓库自动化管理的必备设备，而电脑的应用系统在电脑、仓库及粮食和种子间架起了沟通的桥梁。下面就正在开发的四套粮食或种子贮藏专家系统作简要介绍，以便计算机设备在贮粮中发挥最大功能，实现粮食或种子贮藏的管理工作科学化、现代化和自动化。

1. 粮情检测系统 这一系统的作用是对仓库的温湿度、水分、氧气、二氧化碳、磷化氢气体等实行自动检测与控制，是整个专家系统的基础和实现自动化的关键。该系统主要由传感器、模数转换接口、传输设备和电脑等部件组成。通过这个系统将整个粮堆内外生物和非生物信息量化后，送入计算机中心贮存。而管理者可以通过电脑了解粮堆内外的生物因素和非生物因素，如昆虫和病原微生物的数量、危害程度、温湿度、气体、杀虫剂等的状态与分布，及时掌握粮堆中各种因子的动态变化过程。

2. 贮粮数据资料库系统 这个系统是专家系统的"知识库"。它是将各种已知贮粮知识、参数、公认的结论、已鉴定的成果、常见仓型的特性数据、图谱、仓库害虫、相关政策法规等资料数据收集汇总，编制成统一数据库、图形库和文体库。当用计算机管理起来时，可以随时查询、核实、调用、更新等，为决策提供依据。

基本粮情参数数据库包括粮食或种子品种的重量、水分、容重、等级、杂质和品质检验数据，以及粮食或种子的来源、去向和用途等。粮仓结构及特性参数数据库和图形库主要是以图文并茂的方式提供我国主要仓库类型的外形、结构特性、气密性、湿热传导性等。有害生物基本参数数据库和图形库也是以图文并茂的方式提供我国主要贮粮有害生物的生态学、生物学特性、经济意义和地理分布，包括贮粮害虫和益虫种类、全部虫口密度、虫态、害虫的抗药性及其他生物（如微生物、雀、鼠）的生态学、生物学特性等参数。防治措施数据库包括生物防治、生态防治、机械物理防治、化学防治等防治方式的作用、特点、效果、费用、使用方法、操作规程及注意事项等。

杀虫剂基本参数数据库有杀虫剂的种类、作用机制、致死剂量、半衰期、残留限量，杀虫剂商品的浓度、厂家、产地、单价、贮存方法、使用方法及注意事项等。贮藏方法数据库包括常规贮藏、通风贮藏、气控贮藏、地下贮藏、“双低”贮藏、露天贮藏等贮藏方法的特点、效果、作用、适用范围等。政策法规文本库包括有关粮食或种子贮藏的政策法规技术文件、技术标准、操作规范等文本文件。

3. 贮粮模型库系统 模型库系统是将有关贮粮变化因子及其变化规律模型化，组建成计算机模型，再以这些模型为基础，依据已有的数据库资料和现场采集来的数据，模拟贮粮变化规律、预测粮堆变化趋势，为决策提供动态的依据。其主要由三大模型组成：大气模型，包括了粮堆周围大气的湿度和温度模型。粮堆模型，包括整个粮堆中各种生物因素和非生物因素的动态变化。如粮食的水分变化、湿度变化、温度变化、粮堆气体动态变化、微生物生长和害虫种群生长动态变化，以及药剂残留和衰减等。关系模型包括气温、仓湿和粮食或种子水分之间、粮堆与大气之间、气温与仓温和粮食或种子温度之间，湿度、温度和贮粮微生物及害虫种群生长为害之间的关系模型。

4. 判断、决策执行系统 这系统是专家系统的核心部分。它主要是通过数据库管理系统和模型库管理系统将现场采集到的数据存入数据库，且比较修改原有的数据，再用这些数据作为模型库的新参数值，进行粮堆的动态变化分析，预测其发展趋势。再者，根据运筹决策理论和最优化理论，对将采用的防治措施和贮藏方法进行多种分析和比较判断，而提出各种方案的优化参数和比值，根据决策者的需要，推出应采取的理想方案，且计算出该方案投入与产出的社会效益和经济效益。

总之,粮食或种子安全贮藏专家系统的开发是一项浩大的系统工程,目前只开始了部分工作。通过粮食或种子安全贮藏专家系统的不断开发和应用,我国粮食或种子贮藏工作的管理水平和粮食、种子的品质将会得到显著提高。

第三章　贮粮的干燥与通风

一、贮粮的干燥

(一)贮粮干燥的基本知识和原理

1. 贮粮干燥的基本知识　种子中所含的水分包括自由水和束缚水。自由水主要存在于细胞内和细胞间隙以及毛细管中，具有普通水的性质。束缚水是指以各种化学键与种子内的大分子物质(蛋白质、碳水化合物等)紧密结合而存在于细胞中的水分，一般性质较稳定，不易扩散。种子干燥时需要除去的是自由水。

为了使种子干燥，需要一种物质与种子接触，把热量带给种子，使种子受热，并带走种子中汽化出来的水分，这种物质称为干燥介质。常用的干燥介质有空气、加热空气、煤气(烟道气和空气的混合体)等。一般干燥时所用的介质为空气。空气的绝对湿度是指每立方米的空气中所含水蒸气的重量，单位是千克/米^3 或克/米^3。它表明了单位体积内水蒸气的多少，数值越大，说明湿度越大。但在一定温度下，每立方米的空气中能容纳的水汽的量是有限的，当水汽含量达到最大值时，即饱和状态时就称为“饱和湿度”。表 3-1 列出了不同温度下空气的饱和湿度。

表 3-1　不同温度下空气的饱和湿度

温 度（℃）	饱和水汽量（克/米³）	温 度（℃）	饱和水汽量（克/米³）	温 度（℃）	饱和水汽量（克/米³）	温 度（℃）	饱和水汽量（克/米³）
−20	1.078	−3	3.926	14	11.961	31	31.702
−19	1.170	−2	4.211	15	12.712	32	33.446
−18	1.269	−1	4.513	16	13.504	33	35.272
−17	1.375	0	4.835	17	14.338	34	37.183
−16	1.489	1	5.176	18	15.217	35	39.183
−15	1.611	2	5.538	19	16.143	36	41.274
−14	1.882	3	5.922	20	17.117	37	43.461
−13	1.942	4	6.330	21	18.142	38	45.746
−12	2.032	5	6.768	22	19.220	39	48.133
−11	2.192	6	7.217	23	20.353	40	50.625
−10	2.363	7	7.703	24	21.544	41	53.8
−9	2.548	8	8.215	25	22.795	42	56.7
−8	2.741	9	8.858	26	24.108	43	59.3
−7	2.949	10	9.329	27	25.486	44	62.3
−6	3.171	11	9.934	28	26.931	45	65.4
−5	3.407	12	10.574	29	28.447	50	83.2
−4	3.658	13	11.249	30	30.036	100	597.4

注:引自中国财政经济出版社的《粮食贮藏》

从上表中可以看出,温度越高,单位体积空气所能容纳的最大水汽量也就越多,饱和水汽含量也就越高。当空气中的水汽含量一样,在温度低时会感觉潮湿,温度高时则会感觉干燥,这说明干燥程度与空气中的水分含量和该温度下的饱和水汽含量的差值大小有关，这时绝对湿度这一概念就不能满足我们的要求。于是，为了描述空气的潮湿程度，人们引入了相对湿度的概念。相对湿度是指在一定的温度和压力条件下，空气的绝对湿度和在该条件下饱和状态时绝对湿度的比值，用百分率表示，它揭示了空气中的水汽含量接近饱和状态的程度。相对湿度越低，空气越干燥，对种子的干燥就越有利。

2. 贮粮的干燥原理 贮粮干燥是根据粮食平衡水分的原理，通过干燥介质给粮食加热，从而使粮食内部水分不断向表面扩散，表面水分不断向空气中蒸发，粮食得以干燥。种子干燥的原理也是一样，只是因为在干燥过程中要保证种子的活力，因此方法和要求相对于贮粮要严格一些。本文着重介绍种子干燥的原理和方法，贮粮干燥方法和要求在此基础上适当放宽即可。

种子的干燥是保证种子安全贮藏的重要技术措施之一。种子经过干燥后，不仅可以降低含水量，削弱种子的生理活性，而且还可以杀死病虫，增强种子的耐藏性。但如果干燥不当，则容易降低种子的生活力，或者使种子表皮硬化、破裂或爆腰，影响品质。为此，正确地了解干燥的原理和方法是很有必要的。

种子是活的有机体，当处在特定条件下，能吸收水分，也会释放出水分。吸收和释放水分主要取决于空气中的水蒸气分压，当它大于种子所含水分的蒸汽压时，种子就吸收水分；当它小于所含水分的蒸汽压时，种子便向空气中释放水分。总之，种子所含水分的蒸汽压有与该条件下的空气相对湿度达到平衡的趋势。所以，要干燥种子，必须使种子水分高于当时空气中的水蒸气分压，这样水分才会不断从种子内部散发出来，使种子逐渐失去水分而干燥。空气中水蒸气压力与种子表面间的水蒸气分压力之差，是种子干燥的推动力，它的大小决定种子表面水分的蒸发速度。种子干燥就是不断降低空气水蒸气分压，使种子内部水分不断向外散发的过程。

种子内部水分的移动现象，称为内扩散。内扩散又分为湿扩散和热扩散。湿扩散是指由于湿度梯度，而引起水分向含水率低的方向移动。热扩散是指由于存在温度梯度，水分随着热源方向由高温处向低温处移动。

当温度梯度与湿度梯度方向一致时，热扩散和湿扩散方向一致，可以加速种子水分的蒸发，加快干燥的速度而又不影响干燥的效果和质量。但当温度梯度和湿度梯度方向相反时，热扩散和湿扩散引起水分向相反的方向移动，会影响干燥速度。尤其是当温度较高时，热扩散比湿扩散进行得强烈，使种子内部水分向外移动的速度低于种子表面水分蒸发的速度。如果水分的外扩散作用远远地超过内扩散作用，则在籽粒的表面将会因过度干燥而形成表皮硬化，降低种用品质，也阻碍水分的继续蒸发。所以，在干燥过程中，必须正确地掌握温度和种子流动的速度。

粮食的干燥是通过干燥介质与粮食的接触实现的，二者在接触中进行水分交换，介质的含水量增加，粮食的水分降低，最终达到湿度平衡。粮食的干燥速度取决于干燥介质的温度、湿度和流速。

3. 影响种子干燥过程的主要因素 影响种子干燥的因素是很多的，主要有以下两点：

(1)干燥介质的状况 干燥介质的状况指的是它的温度、相对湿度和介质流动速度，这些因素对干燥过程都有影响。

①气流温度 干燥介质在干燥过程中起着载热体和载湿

体的双重作用。提高进入干燥室的介质温度，不但可使种子表面的水分加速蒸发，也能提高种子温度，加速种子内部水分的扩散。在相同的相对湿度情况下，温度高时干燥的潜在能力大。但是干燥介质的温度也不能太高，因为温度过高会造成两方面的不利影响：其一是容易造成种子表面的水分蒸发速度大于内部扩散速度，进而导致表皮硬化甚至爆裂；其二是对种子的质量有影响，可能造成种子的发芽率明显降低。因此，为提高干燥速度，又不至于影响种子品质，采用分段干燥是值得提倡的。分段干燥是指当种子含水率较高时，用温度高的干燥介质干燥种子；当含水率低时，就用温度较低的干燥介质干燥种子。

②气流相对湿度　在温度不变的条件下，干燥介质的相对湿度决定了种子的干燥速度和水分降低程度。含水量一定的种子，空气相对湿度小，对其干燥的推动力大，干燥速度和水分降低量大；反之则小。那么，这样说来，我们是不是可以通过不断降低空气相对湿度来提高干燥效果呢？答案是否定的。这是因为如果过分强调降低相对湿度来强化干燥过程，常会使种子外部水分蒸发速度大于内部扩散速度，造成爆腰现象。而且一旦出现外部蒸发速度大于内部扩散的情况，我们可以适当提高干燥介质的相对湿度，使外部蒸发速度降低而内部扩散速度相应增大，从而使整个干燥过程加快。

③气流速度　在种子干燥过程中，有一层浮游状气膜吸附在种子表面，阻止种子表面水分的蒸发，所以必须用流动的介质将其逐走，使种子表面水分继续蒸发。增大干燥介质的流速，能使干燥过程强化，但并不是成正比例的强化。在一定范围内，介质的流动速度对干燥的影响占主要地位，但当流速增大到一定数值之后其影响相对地减小。因为当种子含水率

较高时，流速大，干燥速度较快。但当干燥过程进入降速阶段后，内部扩散速度对干燥过程起着控制作用，故流速的增加对干燥过程的影响不显著。此外，在提高气流速度时，要考虑热能的充分利用和保持风机功率在合理范围内，减少种子干燥成本。

(2)种子本身生理状态和化学成分

①种子生理状态对干燥的影响　刚收获的种子含水量较高、新陈代谢旺盛，水分较易除去，但干燥时宜缓慢，因为此时若采用高温快速干燥，会破坏种子内的毛细管结构，使得内部水分不能通过毛细管向外蒸发，引起种子表面硬化，丧失生活力。一般采用先低温后高温两次干燥的方法较好。

②种子化学成分对干燥的影响　种子的化学成分不同，其组织结构以及水分与干物质的结合形式都存在差异，因此在干燥时也应区别对待。

淀粉类种子：以水稻、小麦(软粒)种子为代表，这些种子胚乳由淀粉组成，组织结构疏松，籽粒内毛细管粗大，传湿力较强，因此容易干燥。可以采用较严的干燥条件，干燥效果也较明显。

蛋白质类种子：以大豆、蚕豆种子为代表，在这类种子的肥厚子叶中含有大量的蛋白质，组织结构较紧密，毛细管较细，传湿力较弱。但种皮却很疏松，易失去水分。如果放在高温、快速的条件下干燥，易造成种皮破裂，而且在高温条件下，蛋白质容易变性，影响种子活力。所以应尽量采用低温慢速干燥。在实际生产上干燥大豆种子往往带荚暴晒，待种子充分干燥后再脱粒。

油脂类种子：以油菜种子为代表，这类种子的子叶中含有大量的脂肪(脂肪为不亲水性物质)，其余大部分为蛋白质。

这类种子的水分比上述两类种子容易散发，而且有很好的生理耐热性，因此可用高温快速干燥。但是由于油菜籽的种皮疏松易破，热容量低，在高温条件下易失去油分，所以要注意控制干燥时间。

除生理状态和化学成分外，种子籽粒的大小、形状等物理性状对干燥也有一定的影响。

(二)贮粮干燥的方法和设备

1. 贮粮干燥的方法 种子干燥的方法很多，归纳起来，基本可以分为自然干燥、自然通风干燥、热空气干燥、干燥剂干燥及冷冻干燥等几种。

(1)自然干燥 这是目前我国普遍采用的节约能源、廉价安全的种子干燥方法，它利用日光、风等自然条件，或稍加一点人工条件，使种子的含水量降低，达到或接近种子安全贮藏水分标准。这种干燥方法干燥速度慢，干燥所能达到的限度是由气温、相对湿度和风速等因素决定的，因此只有当空气较干燥时才能使用，否则达不到干燥的目的。有些作物种子采取自然干燥可以达到安全水分，如水稻、小麦、高粱、大豆等。而有些种子若完全依靠自然干燥则达不到安全水分，如玉米，必须进行补充干燥才行。自然干燥可以降低能源消耗，防止种子未烘干前受冻而降低发芽率；可以加快种子干燥速度，促进种子早日收贮入库，同时也降低种子的加工成本。自然干燥一般在我国北方秋、冬季节运用得较广，在南方潮湿地区难以应用。因为那时北方大气相对湿度很低，一般在5%以下，而刚收获的种子水分在35%以上，因此种子水分就会不断向外扩散失水而达到干燥的目的。当然，应用自然干燥要注意防止秋、冬寒潮的冻害。

用太阳光暴晒干燥是自然干燥中最普遍的方法。一般将要干燥的种子放在平顶屋的屋顶上，或者摊在地上或混凝土上。晾晒时，要注意经常翻动，否则会造成干燥不均匀，干燥速度也会很慢。这是因为在日光的照射下，表层种子受热较多，温度较高，水分蒸发快，而底层则受热较少，温度较低，水分蒸发慢，容易出现上层干、底层湿的现象。晾晒时种子摊的厚度也不可过厚，一般以摊成5～20厘米厚较好。此外，要注意高温对种子的伤害，尤其在南方，夏季高温天气时晒种，中午或下午水泥晒场或柏油场地表面温度很高，很容易晒伤种子。

当然，自然干燥虽然经济安全，但也有很多缺点，如需要的劳力较多，要有很大面积的晒场，还受天气条件的限制，以及干燥数量不能固定等。

(2)自然通风干燥　这种干燥较为简便，只要有一个鼓风机就能进行通风干燥工作。新收获的水分含量较高的种子，如果遇到阴雨天气或没有热空气干燥机械时，可利用鼓风机将外界凉冷干燥的空气吹入种子堆中。把种子堆中的水汽和呼吸热量带走，避免热量积聚导致种子发热变质，以达到种子变干和降温的目的。这是一种暂时防止潮湿种子发热变质，抑制微生物生长的干燥方法。自然通风干燥是利用外界的空气作为干燥介质，因此种子降水程度受到外界空气相对湿度的影响。在自然通风干燥的常用温度下，水分为15%的种子达到平衡水分时的相对湿度为70%。所以当种子水分下降到15%左右时可以暂停鼓风，等空气相对湿度低于70%时再鼓风，可使种子得到进一步干燥。如果相对湿度超过70%时，开动鼓风不仅起不到干燥作用，反而会使种子从空气中吸收水分。表3-2列出了不同水分的种子在不同温度下的平衡相对湿度。

表 3-2 不同水分的种子在不同温度下的平衡相对湿度 （%）

温 度 （℃）	种子水分					
	17	16	15	14	13	12
4.5	78	73	68	61	54	47
15.5	83	79	74	68	61	53
25.0	85	81	77	71	65	58

自然通风干燥也有很多缺点，如在南方潮湿地区或北方雨天，外界大气湿度不可能很低，因而不能将种子水分降低到当时大气相对湿度的平衡水分，也就不能用自然通风干燥的方法来干燥种子。此外，根据种子水分与空气相对湿度的平衡关系，我们也很容易知道自然风干燥不能满足种子干燥的要求。所以，这种方法只能用于刚采收潮湿种子的暂时安全保存。

(3)热空气干燥　这是一种利用加热的空气作为干燥介质，使其直接通过种子层，把种子水分汽化带走，从而干燥种子的方法。这种方法具有干燥效率高，一次性降水幅度大的优点。所以一般用在大规模种子生产单位和长期贮藏的蔬菜种子上。

在允许的温度下，气流的相对湿度越低，干燥能力越强；在一定的温度和湿度条件下，气流速度越高，干燥的速度越快。但是气流的速度不能无限度增加，当气流速度过高时，种子内部水分向表面扩散的速度跟不上，不仅造成能源浪费、成本上升，而且会因干燥速度过快对种子造成伤害，降低其发芽率；在一定的湿度范围内，气流的温度越高，干燥的速度越快，温度对干燥速度的影响比气流速度的影响更明显。但温度过高也会对种子造成伤害,使发芽率降低。所以在实际操作时,我们要注意控制温度和气流速度,根据加温程度和作业快慢可分为低温慢速干燥法和高温快速干燥法。低温慢速干燥法所用气流的温度一般仅高于大气温度8℃以下,每立方米种子的气流量在6立方米/分钟以下,所以干燥时间较长。高温快速干燥法则用较高的温度和较大的气流量对种子进行干燥。根据种子是否移动,又可分为对静止种子层干燥和对移动种子层干燥两种。

(4)干燥剂干燥　干燥剂干燥是指将种子与干燥剂按一定比例封入密闭容器内,利用干燥剂的吸湿能力,不断吸收种子扩散出来的水分,使种子变干,直到达到水分平衡的干燥方法。它的优点是:①干燥安全。在了解种子水分和干燥剂特性的前提下,只要干燥剂和种子比例合理,就可以人为控制种子干燥的水分程度,确保种子的安全。②可人为控制干燥水平。依据干燥剂的吸水量和种子特性,可以按需要确定选用合适的干燥剂及比例,使干燥水平达到我们期望的水平。

若用干燥剂对大量的高水分种子进行干燥,在经济上是不合算的,所以干燥剂干燥法一般用于少量种质资源和科学研究种子的保存。当前使用的干燥剂主要有氯化锂、变色硅胶、生石灰、氯化钙等。氯化锂一般用于大规模除湿机装置,将其微粒保持与气流充分接触来干燥空气。变色硅胶的吸湿能力因空气相对湿度的不同而不同,最大吸湿量可达自身重量的40%。硅胶吸湿后在150℃～200℃条件下加热干燥,性能不变仍可重复使用。需要说明一点,硅胶在吸湿后变色,并不是硅胶本身会变色,是人们为了辨别硅胶是否还有吸湿能力而在硅胶中加了氯化锂或氯化钴的缘故。生石灰吸湿能力强,价格便宜,但品质因地而异,使用时要注意。

(5)冷冻干燥　此法是指当气温在零度以下时,对粮堆进行通风干燥的方法。此时外界气温很低,空气中的水分凝结为冰,空气因饱和湿度降低而变得较干燥。将粮粒置于这样的干燥空气中,在吸湿平衡的作用下籽粒中的水分得以蒸发,从而达到干燥的目的。此法较适用于北方的冬季。

冷冻干燥这一方法,不通过加热将种子中的自由水选择性地除去,而留下束缚水,将水分降低到通常空气干燥方法不可能获得的干燥水平以下,而且干燥损伤明显降低,种子的耐藏性也得到增强,因此很适用于种质资源的保存。此外,在当前已有大规模的冷冻设备用于食品冷冻干燥的情况下,也可应用这些设备进行大规模的种子干燥,这对蔬菜种子特别具有应用前景。

2. 贮粮干燥的设备　在以上介绍的干燥方法中,最常用的方法是热空气干燥法,所用的设备最多也相对复杂,对它的研究也最多。其他干燥方法相对简单,所需设备也少。因此在这里重点介绍热空气干燥法的设备。根据热空气干燥法的原理以及粮食和气流的流动方向,目前用于农业种子的加热干燥机械主要有堆放分批式干燥设备和连续流动式干燥设备两大类型。

(1)堆放分批式干燥设备　堆放分批式干燥的方法是使种子处于静止状态下对其进行分批干燥,其设备结构相对于连续流动式干燥要简单,一般采用砖木结构,且具有建造容易、热效率高、干燥成本低、操作简单等优点。堆放分批式干燥设备的另一个优点是不同种类的种子(如玉米穗与小麦、水稻和其他作物种子等)都能用同一设备进行干燥,所以比连续流动式干燥设备利用率高。常用的堆放式分批干燥设备有简易堆放式干燥设备、斜床堆放式干燥设备、多用途堆放式干燥设备等种类。

(2)连续流动式干燥设备　虽然堆放分批式干燥设备结构简单、设备利用率高、费用低，但生产能力较小，劳动强度大，因此对于大量的水稻、小麦或脱粒后的高水分籽粒，采用连续流动式干燥设备进行干燥更为合适。连续流动干燥的方法是使高水分的种子不断从进口加入干燥机中，经干燥后又连续从出口处排出。连续流动式干燥设备可以是水平的或是直立的。连续流动干燥机适用于同一品种的大量种子，可以在无须中断的情况下连续进行干燥，适合大批量的种子干燥，但不适用于少量种子的干燥。此外，为了使干燥机的效率达到最大，干燥过程中干燥机内时刻都要填满种子，所以对需要经常更换不同种子的干燥也是不适合的。

连续流动式干燥设备，可根据干燥粮食的干燥机机型划分为顺流式、逆流式、横流式和混流式干燥机等类型(图3-1)。

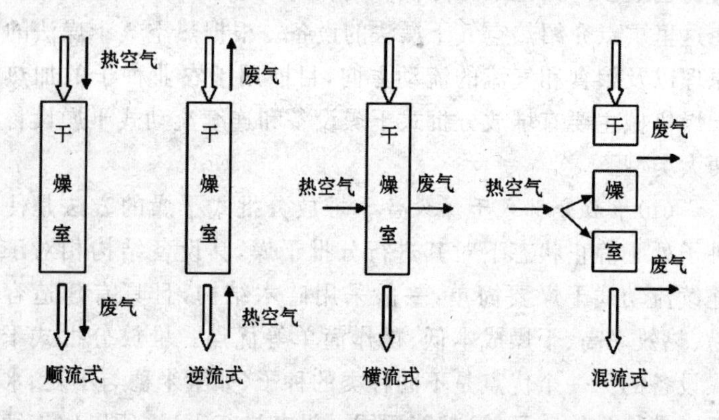

图3-1　几种贮粮干燥设备的工作示意图

①顺流式烘干机　在顺流式烘干机中的种子与热气流的运动方向一致。其特点是温度最高的热空气接触含水量最高的种子，生产率高，种子排出前温度比较低。

在顺流式烘干机中，当粮食由进料口进入顶部贮粮段后，粮食在干燥机内筛网和自身重力作用下，就能均匀进入塔体，向下流动进入第一干燥段，在这里热空气与粮食都是自上而下运动，相接触后进行湿热交换，热风变成废气后直接排入大气，干燥完毕，经过一缓苏段后，再进入第二干燥段，干燥段的风速一般为 30～45 米/分钟。最后进入冷却段，在这一段内，粮食得到冷却，但在这里粮食向下流动，而冷空气是向上运动冷却粮食的，正因为如此，所以这一段又被称为逆流冷却段，冷却段的风速一般为 15～23 米/分钟。顺流干燥段根据实际需要可以是一段、二段、三段或更多段，这些主要是根据粮食原始水分的大小来设置。目前粮食部门使用的顺流干燥机中，最多可有 5～6 个干燥段。

顺流式烘干机的主要特点有以下几点：

第一，在烘干机体内，粮食与热风（干燥介质）同向流动，都是向下运动。

第二，在第一干燥段内，由于粮食水分含量高，可以使用很高的热风温度，使低温粮粒迅速升温，热风温度急剧下降，粮粒表面水分快速蒸发。因此，干燥速度快，单位热耗低，效率较高。

第三，每一干燥段后必须再设置一缓苏段，有利于粮食的热、湿平衡。

第四，干燥介质温度在第一干燥段最大，第二干燥段稍小，然后依次降低干燥介质温度。

第五，最后干燥段的废气可回收利用，有利于降低能耗。

第六，降低水分幅度可达10%～15%，适合于干燥水分含量高的粮食。

第七，粮层较厚，粮食对气流的阻力大，所需风机功率较大。

②逆流式烘干机　在逆流式烘干机中种子和热气流的运动方向相反。其特点是种子进入干燥机后，温度逐渐升高，其温度达到最高时离开干燥机。这种方法从种子受热的角度看较为合理，但热能损失大。

在逆流式烘干机中，由于热风和粮食的流动方向相反，最热的空气首先与水分含量较少的粮食接触，粮食的温度接近热风温度，故使用的热风温度不可太高。低温潮湿的粮食则与温度较低的湿空气接触，因而容易产生饱和现象。所以逆流式烘干机并不像顺流式烘干机那样在粮食一进入烘干机就被加热到很高温度并干燥，而是随着粮食和热风的运动慢慢加温和干燥，到出口处粮食的温度最高，同时含水量达到最低。由于粮食和热风平行流动，因此所有粮食在流动过程中受到相同的干燥处理，干燥较均匀。

逆流烘干机的主要特点有以下几点：热效率较高，虽然最后粮食温度较高，但空气（介质）温度较低；粮食温度较高，接近热空气温度，不能使用过高的热风温度；空气（介质）的潜热可以充分利用，离开干燥机时空气（介质）接近饱和状态；粮食干燥较均匀。

③横流式烘干机　在横流式烘干机中种子和热气流的运动方向相互垂直。其特点是结构简单，不易出现故障，但干燥后的种子水分不匀，靠近气流入口处的种子所含水分降低得多，而靠近气流出口处的种子水分则降低得少。

横流式粮食烘干机是一种较老的烘干机。早在20世纪

50 年代，我国就生产过这种烘干机。20 世纪 80 年代，从美国引进了筛网柱式横流烘干机用于烘干高水分玉米。随后，又从美国引进了另一种横流式烘干机——圆筒横流烘干机。

横流式烘干机的工作原理是粮食在塔体内依靠重力自上而下移动，同时，热空气（干燥介质）横向穿过粮层，所以称为横流式烘干机。我国横流式烘干机的构造一般是用两层筛网或筛孔板组成长方形柱体或者是同心圆柱（筒）体，在两层筛网或筛孔板之间装满粮食，干燥介质横向穿过筛网或筛孔板，从而使粮食得到干燥。

横流式烘干机的主要特点有以下几点：结构简单，安装方便，建造周期短，成本低，是目前应用较广泛的一种干燥机型；粮食流向与热风流向垂直；干燥不均匀，进风侧的粮食过干，排气侧的粮食则干燥不足，产生了水分差；单位能耗较高，热能无法充分利用；适宜于较大颗粒的粮食干燥；干燥作业的效果易受外界强风的影响。

④混流式烘干机　在混流式烘干机中种子和热气流间的运动方向，既有顺流，又有逆流，还有横流。其特点是干燥效果好，但结构复杂，容易出现故障。

混流式烘干机是我国粮食部门研制最早的一种粮食干燥机，一般由贮粮段、热风干燥室、冷却室、排粮段等几部分组成。由于混流式烘干机的通用性好、电耗低、干燥质量好而日益得到发展，目前已经成为国际上应用最广泛的一种粮食干燥设备。

混流式烘干机的主要特点有以下几点：干燥机机体可采用积木式结构，设计成标准塔段，利用增减塔段放大或缩小机型，可达到改变干燥机生产率的目的；风机的风压小，电耗低；适用性好，可烘干小粒种子；从热风和粮食的相对运动来看，包含顺流、逆流、横流交替作用。

二、贮粮的通风

(一)贮粮通风的意义和原理

粮食是宝中之宝,它是人类生存的根本。粮食产量和质量高低,直接关系到我们每个人的生存与发展以及国家的繁荣昌盛。贮粮通风是一项复杂的工程技术,它能使粮堆长期处于均匀的低温状态,还能控制粮粒水分的平衡和转移,它是实现低温贮粮和降低水分的有效手段,对防治贮粮害虫的为害也有很重要的作用,还能延缓粮食陈化速度,以保持粮食的新鲜。贮粮通风具有设备简单、操作方便、投资少、作业成本低、不受仓房条件限制、减轻保管员劳动强度、易于推广等特点,也是安全贮粮的重要手段之一。

国外从20世纪50年代就开始了这方面的研究和探讨,就有关于通风贮粮的报道。我国在60年代初期也开始了这方面的研究,也摸索出了一些适合我国国情的通风方法,研制出了一些相关设备。近几年随着我国农业生产的连年丰收,粮食产量的不断提高,以及对粮食产后损失问题的重视,如何安全高效贮藏粮食也成为人们越来越关心的一个话题。人们对贮粮的通风越来越重视,掌握好贮粮通风这门技术对农民朋友的安全贮粮,解决粮食发热霉变,延长粮食贮存期,减少贮藏期间的粮食损失有着重要作用。

1. 什么是通风 所谓粮食通风,就是指对粮堆吹入或抽出常温的空气。通风的形式有自然通风和机械通风两种:自然通风不需要什么设备,机械通风常用的设备有风机与多孔风管。

我们知道，粮堆内的粮食与粮食之间，以及粮食与仓库墙壁之间存在一定的孔隙，空气可以在孔隙中流动。因为粮食具有一定的导热性，当空气在空隙间流动，流经粮粒表面时，可以与粮食发生热量和水分的交换，从而将粮堆中多余的热量带出去。当进入库内的空气湿度大于当时粮食平衡水分阶段，粮食就会吸湿增加水分；反之，就会散湿降低水分。总之，利用粮堆导热性和吸(放)湿性的存在，通过通风，人为地制造一个粮堆小气候，达到控制粮堆温度和水分含量的目的，从而提高贮粮的稳定性。

2. 通风的类型

(1)自然通风　这是一种非常古老、非常节能的通风方法。它是改善仓库内空气品质的最基本方法，也是有效增强仓库内冷热舒适情况和干湿度的方法之一。它是一种利用室内外温度差所造成的热压，或风力作用所造成的风压来实现换气的通风方式。由于它的动力来源于压力差，所以自然通风本质上就是空气在压强差的推动下流动的过程。依据压强差形成的机制不同，又可分为风压作用下的自然通风和热压作用下的自然通风两种。

①风压作用下的自然通风　这种情况是由建筑物两侧风力不同以及仓内外空气形成的压力差引起的。在大气中随其速度的大小，风会对仓库施以不同压力。仓库的承风面受到风的压力，使风由进风口进入库内，同时将仓内空气压迫出去，发生空气对流，形成自然通风。如图 3-2 所示，风从左边吹向仓库墙壁时，迎风面墙壁将会受到空气的作用而形成正压区，从而推动空气从该侧进风口(门、窗户等)进入仓库内部；而与此相对的另一面墙壁，即仓库的背风面，由于受到空

气绕流影响形成负压区,风压要小得多,于是吸引仓库内空气从该侧的出口流出。如此一侧进另一侧出,就形成持续不断的空气流,风压作用下的自然通风也就产生了。

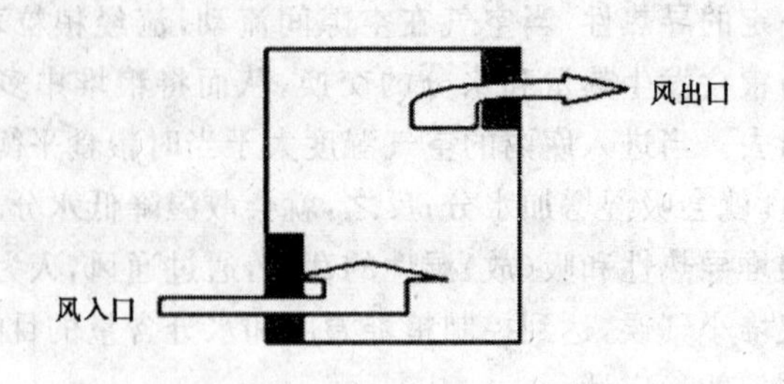

图 3-2　风压作用下的自然通风示意图

②热压作用下的自然通风　这种情况一般是因仓库内有热源存在,导致仓库内外空气密度不同,压力也不同,产生温压差,进而发生空气对流形成的。如图 3-3 所示,当仓库内存在热源(如加热器等)时,仓库内的空气将被加热,密度也将降低,热空气的上升,造成仓库内上部空气聚集,气压比仓库外的气压大,空气被压出,仓库内空气向外流动形成气流,空气从上部流出。与此同时,在仓外冷空气由于比重大,其压力也大,于是就进入仓内下部,以填补从上部流出的空气所让出的空间,同时把仓内较轻的热空气排挤出去。如此这样热空气上边出,冷空气下边进,形成了持续不断的空气流,热压作用下的自然通风也就形成了。很明显这种情况下温压差愈大,自然通风量就愈大,效果就愈好。

当然,在实际通风过程中这两种不同机制的通风界限并不是那么严格,热压、风压同时造成的自然通风的情况也很常见。因此在具体应用自然通风的过程中我们也无需严格加以区分，不论是两者取其一种还是结合使用，只要能起到良好的通风效果就行。

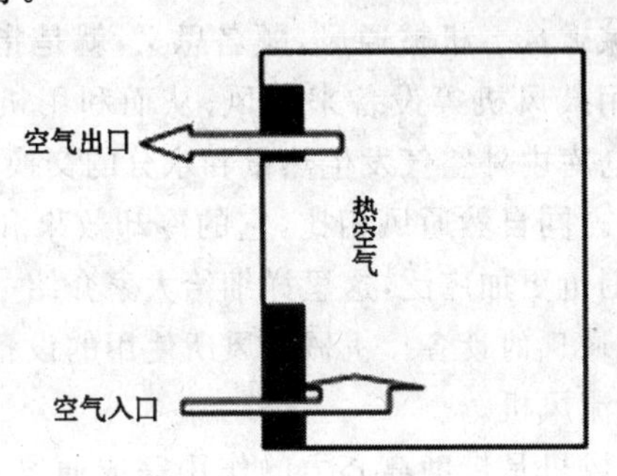

图 3-3　热压作用下的自然通风示意图

③自然通风的应用　自然通风不消耗动力，是一种经济简便的通风方式。因此农户应当充分利用冬季风速较大、温度低、相对湿度较小等优点，不失时机的敞开门窗和其他通风口通风。当然，如果此时不间断地翻动粮堆，效果会更好。而到了春季气温回升时，我们就得减少通风，紧闭门窗，维持粮堆低温了。

当然，由于其较机械通风冷却速度慢，因而具有一定的局限性。此外，冬季低温期的长短对自然通风的效果也有很大影响：在我国南方，冬季低温期短，因此采用自然通风冷却效果并不好；在我国北方，冬季低温期较长，利用自然通风冷却粮食则具有良好的发展前景。此外，在实际应用自然通风调节仓库空气温湿度时，还应该尽可能地增大粮堆与空气的接触面积，提高通风效果。例如辽宁省彰武县粮库发明的上圆仓多管自然通风保粮方法，就是利用特制的通风管，把一个仓的粮食分成若干小粮堆，从而扩大了粮堆与外界空气的接触面积，促进了仓库内外空气的不断交换，使粮食与空气间的湿度达到平衡，取得了很好的效果。

(2)机械通风　机械通风，顾名思义，就是指在粮堆内安放通风管，用鼓风机等设备来通风，从而利用机械产生的压力，来促使仓库内外空气发生热量和水分的交换，降低贮粮的温度和水分。同自然通风相比，它的冷却效果和调湿效果更好，应用范围也更加广泛，这里详细给大家介绍一下。

①机械通风的设备　机械通风所使用的设备主要有离心通风机和轴流风机。

离心通风机是借助离心力的作用完成通风功能，有前弯式叶片、平直叶片和后弯式叶片三种类型。前两种风机为低速风机，容易产生过多风量，出现超负荷现象；后一种为高速风机，效率也较高。

轴流风机也称排风扇，因空气在机壳中的运动方向始终沿着轴的方向而得名。压力较高的轴流风机可以代替离心风机使用；压力较小、风量较大的轴流风机则可以作为排风换气使用。

②机械通风系统的构成　一般来说，标准的贮粮机械通风系统由五部分组成：风机、供风导管、通风管道、粮堆和风机操作控制设备。风机是通风系统的重要设备，起着向粮堆输送足够的空气，促使空气在粮粒内充分流动的作用。供风导管在粮仓或粮堆内部，与通风机出口相连接，起着连接风机和通风管道的作用。通风管道也就是俗称的风道，安装在粮堆内部，由孔板或筛网组成，风通过通风管道被均匀分配到粮粒中。粮堆则是供风系统作用的对象，风机操控设备就是控制风机运转和停止的设备，复杂一些的还能自动选择通风时机。

③机械通风的分类　按送风方式的不同，可分为压入式、

吸出式、压入与吸出相结合式和环流通风。压入式是用鼓风机把外界冷空气从管道自底部压入粮堆内，湿热空气从粮面排出。该法气流分布均匀，适用于粮食水分含量较高和整仓通风情况下使用，尤其适于大型房式仓的通风。吸出式是用鼓风机的吸力，使外界冷空气从表层进入粮堆，粮堆内湿热空气从管道吸出。该法避免了寒冷地区水汽在粮层表面和仓顶下结露。主要适用于房式仓、浅圆仓、露天垛，也适用于一些立筒仓和地下仓的整仓通风降温散气和调质通风。压入与吸出相结合的通风更加有益于粮粒温湿度的平衡，如粮层较厚的圆筒仓和房式仓通风，常采用这种方法。环流通风这种通风方式并不常见，多用于环流熏蒸。

此外，按通风的范围，还可以分为整体通风和局部通风；按通风管道的安装形式，又可分为固定式通风和移动式通风。值得一提的是，在实际操作中发现，吸入式送风时，采用活动式的多管吸风比较好，表现在降湿均匀、速度快、方便灵活，可用于各种类型的散装粮堆。

④通风管道的安置方式　风道是室外空气进入和室内湿热空气排出的通道，主要有地上和地下两大类型：

地上风道，也就是俗称的地上笼。地上笼为移动式通风系统，风道安置在仓库地坪上。其通风管道形状多样，有三角形、矩形、圆形、弓形等多种样式，制作材料一般为铁皮、竹，也有用钢丝网布做成的，制作时依据风道形状和所贮粮粒，选择合适的材料即可。这种风道耗能小，通风面积大，降温显著，投资少，适合中小型仓房。

地下风道，俗称地槽。地槽为固定式通风系统，风道为粮仓地坪面向下开挖形成的矩形沟槽，可以分为等截面和变截面两种，一般两边为砖砌，上部和底部用混凝土浇灌，且上部留有铲口。管道上铺设有分配气流的筛孔板或者空气分配器，其上筛孔板也分为全开口、半开口等几种形式。这种风道不占仓房容积，不影响粮食的转运，但容易有通风死角，多适宜于兴建的新仓房。

箱式通风也就是俗称的存气箱通风。这种通风管道一般设置在仓库墙角开孔处或粮堆中间，是在铁制的长方体框架上覆盖钢丝网布，直接与墙外风机连接通风。这种通风设施制作简便，使用也较方便，但容易造成风量的损失和浪费。

⑤机械通风的应用　为了充分发挥其应有效果，在进行机械通风时，我们应注意下面几个问题：

第一，风机工作必须稳定，气流必须均匀，不能有通风死角。不论采用的是吹风或吸风，都不能有吹、吸不足的情况，更不能有完全未吹风或吸风的位点，否则会因粮堆局部水分含量较高而发霉。所以在设计通风装置时一定要考虑周到，保证吹(吸)入空气均匀，无通风死角存在。

第二，通风时间一定要适当，要保证粮堆内空气交换次数或数量充足，热量和水分发生充分交换。实践经验表明，通风效果不仅仅由粮温、粮粒相对湿度与空气的温湿度差来决定，同时也与粮粒间空气交换的程度有关。粮堆气体交换次数不足，就不能完成通风调温调湿的任务，尤其在粮食水分含量高、粮温较高时，更需要加大空气交换量。风机不同、风道不同、粮堆情况不同，通风时间都有所不同。因此，我们在实践中，必须根据风机性能、粮食温湿度情况和粮堆高度，结合以前的经验，摸索出切实可行的数据。

第三，加强检查。在通风过程中要不定时将粮食水分与空气的相对湿度进行比较，以随时监控粮堆情况。依据这些，确定通风与否。通风并不一定就会降低粮食水分含量，如果在通风时空气的湿度大于粮食水分，粮食就有吸湿的可能。此外，如果通风时粮食温度低于空气中的水蒸气变为露珠的温度，那么通入粮堆的空气就能因粮堆的低温而发生结露现象。因此，在通风过程中我们必须适时检测，严格、正确掌握粮堆温湿度变化，依据空气温湿度与粮食温湿度情况合理地通风，并分析解决通风中出现的问题，及时改进措施。不可随意进行，导致达不到预期效果或起到相反的作用。

第四，选择合适的通风时机。一年中并不是所有的日子都适合通风，一般选择在秋、冬季室外气温低时充分通风，效果会比较明显。在气温上升季节，如春暖到盛夏这段时间，室外温度高而粮温低，进行通风不仅不会降温，反而会导致发热霉变的出现，故一般不宜使用机械通风。

通风完毕，必须及时密闭。通风完毕后，粮食已经达到冷却、干燥，处于水分平衡的相对稳定状态，必须立即进行密闭贮存，以使这种状态维持较长时间，提高粮食贮藏质量。若不立即密封或密封效果不好，则贮粮会受到外界温度和湿度的影响，其平衡状态被打破，使贮粮粮情恶化。

第五，加强对通风设备的管理。风机是机械通风的重要设备，平时不用时要注意清洗保养，以延长机器的使用寿命。此外，有条件的地方最好能配置两台通风设备轮换使用，因为通风过程一般较长，电动机的转动时间较长，容易损坏。同时应按照机器的操作说明书来操作机器，保证安全作业。

（二）贮粮通风的作用

贮粮通风通过气流流经粮堆，带走积热，降低粮堆温度，调节粮食水分平衡，对粮食的安全贮藏具有很重要的作用。归纳起来，其作用主要有以下几点：

1. 冷却粮食，创造低温环境，控制贮粮害虫为害 粮食温度如果太高，贮藏性能就会不稳定，尤其是夏季、秋季收获的粮食，温度有时高达30多度，入仓后必须通过通风迅速冷却，否则贮藏效果会很差。因此，在粮食贮藏期间，我们必须适时通风，尤其是低温季节进行粮堆通风，以便在粮食内部形成一个低温状态，并保持低温，从而更大程度地减少由贮粮害虫为害造成的损失。同时也可以减少农药和熏蒸剂的使用量和使用次数，达到改善贮粮性能的目的。

我们知道，贮粮害虫多是变温动物，因此其自身调节体温的功能缺乏或者不完善，又长期生活在温度较为适宜且稳定的仓库中，导致它们对外界温度的适应性较差，尤其是在温度变化较大时。另一方面大多数贮粮害虫起源于热带和亚热带，其生长的适宜温度往往偏高，低温不利于它们的生长繁殖。因此在冬季温度较低的时候，采用自然通风或者机械通风，也可采用两者相结合的方式，对仓库进行通风，制造低温，可杀死大量的贮粮害虫，减少粮食损失。研究表明，当粮食含水量在安全范围内时，若粮温低于15℃，大多数害虫的繁殖基本停止；若温度低于4℃时，害虫基本无法生存。重庆市农业科学院的崔晋波等在2006年进行了高大平房仓冬季通风防治贮粮害虫试验，结果表明，冬季采用自然通风结合机械通风对玉米象和谷蠹等贮粮害虫防治效果明显。也有地方的农户在低温的傍晚，将仓库门窗全部打开，同时将粮堆覆盖物揭去，大垛拆成小垛，夜间通风降温杀虫，白天密闭贮粮，杀虫除霉效果都很不错。

通风冷却粮食，尤其在冬季通风，操作简单、费用低廉、省时省力，是一种安全高效的降温方法，而且除虫效果好，对抑制虫、霉生长繁殖、改善贮粮生态环境、延缓粮食品质陈化、实现低温贮粮都有很重要的作用，因此很值得在广大农民朋友中推广应用。当然，为达到最好的除虫效果，我们在实际操作中也要注意一些问题，如降温过程要迅速，降温越快害虫转移的可能性就越小，效果也越好。通风降温后，一定要紧闭门窗，使低温尽可能维持较长时间。此外，对于被杀死的害虫尸体，也要及时通过过筛的方式除去，在专门的地点掩埋，以维持一个清洁的贮藏环境。

2. 均衡贮粮温度 粮食的导热性并不好，再加上仓库内温度的变化，因而粮堆不同部位的粮食温度并不一定相同。粮堆内部的温差，会引起粮堆内水分的移动，水分会重新分配，从温度高的部位向温度低的部位转移。在粮食温差大的仓库中，这种水分转移现象更为常见。

那么，粮粒内水分一般是从哪些部位向其他部位转移呢？具体说来，一般靠近仓壁和仓顶表面的粮食比仓库中心的粮食冷却得快，温度也较粮仓中心的粮食和粮堆内部粮食低，这种温度的差别引起缓慢的热对流，使水分由仓顶和仓壁等部位向粮仓中部转移，水分会因此积聚在温度低的部位，从而可能引起仓库顶部的粮食发霉或结块，进而引起仓库内其他部位的粮食霉变。在那些昼夜温差较大或者季节性气温波动较大的地区，这种水分转移引起的霉变现象更为常见。

反过来，如果仓库贮粮温度均匀一致，没有温差存在，就不会发生水分转移现象，也就不会出现粮食发霉结块现象了。如何保证粮温一致呢？通风是个明智的选择。通过空气在粮堆内的不断运动，使粮粒与空气发生充分的热交换，将多余的热量带走，从而使仓库墙壁处的和粮仓中央的粮食，仓顶的和粮堆中央的粮食温度一致，均衡粮温，防止水分转移。

3. 排出贮粮异味，保持粮食新鲜 通风冷却过的粮食，较未经通风处理的粮食更加“新鲜”，这已经为大家所认同，也是经通风处理后的粮食具有的最显著的特性。粮食在贮存的过程中，会通过呼吸作用放出二氧化碳等废气，仓库内仓贮害虫的活动也会产生二氧化碳，不仅如此，它们的排泄物也会散发出难闻的气味，如果有粮粒发生霉变，也会散发出特殊的气味，这些废气混合在一起，若不及时地排出，时间一长不仅仓库内空气质量很差，更使粮食表面也带上这种难闻的气味，色泽也会受到一定影响，在外观和风味上大打折扣，新鲜程度也受到很大影响。因此，适时通风，将这些废气排出，减少粮食霉变所产生的气味残留，对保持粮食的新鲜度是很有帮助的。

4. 防止高水分粮食发热，降低粮食水分，减少粮食霉变损失　霉变是微生物活动的结果。粮食中的主要营养成分有各种糖、脂肪和蛋白质，这些营养物质也可以被微生物加以利用，成为其生长繁殖的营养基质。在低温低湿条件下，真菌不易生长，一旦温度和湿度适宜，特别是遇到高温高湿的环境，它们就会迅速繁殖起来，使粮食发生霉变，消耗其中的营养物质，并放出大量的热量，使粮堆内温度升高，湿度加大，繁殖加剧。微生物的大量繁殖，导致粮粒上出现各种形状的斑点、菌落，造成粮食霉变，散发出强烈的霉臭味。而且霉变后的粮食颜色也会变深变暗，甚至大批霉烂、结饼结块。霉变是粮食贮藏的一个大敌，具体说来，它对粮食安全贮藏的危害主要有：

(1)引起粮食的重量损失　微生物在粮食上生长繁殖，所需的营养物质来自粮食，这势必会造成粮食内蛋白质、糖、脂类等营养物质的干物质量减少，再加上腐败后不得不丢弃的粮食，最终粮食重量必定会减少不少。

(2)影响种用品质　粮食的胚部保护组织薄弱，因此在发热霉变过程中，最易遭受微生物侵染，发生霉变。胚受害后种子发芽率也会下降，甚至全部丧失，这严重影响了贮粮的繁殖能力，使得粮食种用品质下降。

(3)食用品质降低　食用品质的降低也是一个很重要的方面。粮食发热霉变后，微生物会大量繁殖，产生霉味臭味等不良气味；另一方面，菌体本身、真菌代谢产物会与粮食坏死组织等混杂在一起，使粮食变黑变暗，即使经过加工、烘晒、水洗、蒸煮等处理，一些不良气味也难以消除，色泽也难以回归正常，使得粮食色泽和风味都大受影响，甚至失去食用价值。

(4)影响加工工艺品质　被真菌严重侵蚀的粮食，一般无法加工，其加工工艺品质已经完全丧失，有些粮食即使发热霉变程度较轻，经处理后可以加工或食用，但其加工特性和加工工艺品质也会大打折扣，出米率、出粉率以及出油率均不及正常的粮食、油料。如遭受发热霉变危害的稻谷，会变得松脆易碎，加工时碎米率高，黏度降低，适口性差；经发热霉变的小麦，很多蛋白质发生变性，面筋的含量减少，发酵性能也减弱；经发热霉变的油料，出油率低，而且加工出来的油品酸价高，品质也较差。

(5)产生毒素　有些真菌，如杂色曲霉、灰绿青霉、橘青霉、镰刀菌等，能产生毒素，它们污染粮食后，会使粮食染上毒素，人畜食用后会引起组织的病变，引发各种疾病，严重的甚至危及生命，对人类的健康产生很大威胁。

真菌的危害如此之大，在贮粮过程中必须加以预防。怎样预防控制呢？我们知道，低温低湿不利于真菌生长。因此如果粮食水分少或温度低，粮堆内粮食的呼吸作用很弱，放出的热量很少，就不会引起发热，水分也不会增加，真菌的活动也会受到抑制。因此采取大风量通风，就可以达到维持低温、降低粮食含水量的目的。

水分是影响粮食贮藏稳定性的最重要因素之一。对粮食自身来说,水分含量越高,其呼吸作用也越强,放出的热量也就越多,易引起粮堆局部发热。在晚秋收获的粮食中,这种现象发生的可能性更大,这是因为晚秋时节气温较低,自然烘干能力较低,因此若没有晾晒足够长的时间,或用烘干机干燥不充分的话,粮食水分含量就相对较高,在存放期间很可能就会放出大量热量,使粮堆局部发热,贮藏稳定性也大大降低。另一方面,粮食发热以后,水分会增加,形成了一个局部高温高湿的环境,给微生物的生长繁殖提供了一个更为有利的条件,微生物活动加强、大量繁殖,造成粮食的霉变,散发出强烈的霉臭味。因此,当粮食含水量较高或仓内湿度过大时,我们必须采用大风量通风,通过将外界湿度较小的冷空气不断注入,来降低粮粒含水量和仓库内湿度,并带走粮食呼吸和真菌生长所产生的热量,从而抑制真菌的生长速度,这一点对短期贮藏的粮食尤为适用。

5. 贮粮熏蒸　对于密封性能较好的房仓或筒仓,可以通过通风系统向仓内注入熏蒸剂,环流熏蒸杀虫。与其他熏蒸方法相比,这种熏蒸方法所需药量要少,毒气分布均匀,可显著提高防治效果。此外,熏蒸结束后,还可以通过通风换气将仓内残存的有毒气体排出,提高贮粮品质。

6. 对贮粮进行慢速干燥或者增湿调质,改善加工品质　通风和干燥并不截然独立,两者之间的界限并不明显。在实际贮粮过程中,如果我们能够依据粮堆温度和粮食含水量确定贮粮干燥的日期和所需的风量,以合乎条件的空气作为介质,采用慢速通风的形式,还是可以达到干燥粮食、安全贮粮的目的的。

通风不仅能干燥粮食,有时还可以起到增加粮食湿度的作用,这在粮食加工前使用较多。我们知道,为了安全贮藏粮食,粮食含水量一般要低于其加工时的最佳水分值。因此,在粮食加工前,必须对粮食调湿。通过通入相对湿度较大的空气,将粮食含水量调整至适合加工的范围,以获得最佳的生产率和品质,取得较大的经济效益。

综上所述,粮食通风是贮粮工作的重要环节之一,其设备简单、投资少、成本低,对于维持粮堆低温状态、控制虫霉危害、减小贮粮损失、增加贮粮稳定性、保持粮食新鲜度和延缓粮食陈化速度等方面都具有重要意义,必将作为安全贮粮的重要手段,越来越受到重视。

第四章　粮食与种子贮藏期的主要害虫

一、玉 米 象

玉米象(*Sitophilus zeamais* Motschulsky)属鞘翅目(Coleoptera)象甲科(Curculionidae)昆虫。

(一)分布与危害

分布遍及全世界,我国各地均有发生。食性很杂,成虫为害禾谷类种子、大麻种子、谷粉、通心粉、荞麦、花生仁、豆类、干果、酵母饼、饼干、面包等。以小麦、玉米、糙米及高粱受害最重。幼虫只在禾谷类种子内蛀食。此虫是一种主要的初期害虫,贮粮被咬食而造成的许多碎粒及碎屑,易引起后期性仓虫的发生。同时,大量虫粪的排出易增加粮食与种子的湿度,造成螨类和真菌的发生,带来重大损失。

(二)形态识别

1. 成虫　个体大小因食料条件不同而差异较大,一般从喙基到腹末长 2.5～4 毫米,圆筒形。全体锈褐色至暗褐色,甚至黑色,背面有较强光泽。头部延伸呈象鼻状称为“喙”,长与宽之比至少为 4∶1,背面有隆起线,口器着生于端部。触角膝形,无刻点,末端膨大,柄节长大,第三节与第四节长度之比约为 5∶3,端节长椭圆形,由第八、九两节愈合而成,因此通常认为触角是由 8 节组成的。前胸背板前窄后宽，上生许多圆形小刻点，且生有淡黄色叶状毛。鞘翅长形，后缘细而尖圆。每鞘翅上有数条纵行凹纹，纹间纵列着相邻的小圆点，近基部和端部各有 1 个橙黄色或赤褐色的椭圆形斑纹。后翅发达，膜质透明，能飞。雄虫喙较粗短，微有弯曲，表面粗糙，色较暗淡；雌虫喙较细长，较下弯，具有光泽（图 4-1）。

2. 卵 乳白色，半透明。长椭圆形，长 0.65～0.7 毫米，宽 0.28～0.29 毫米。上端逐渐狭小，着生一帽状圆形小隆起，下端稍圆大。

3. 幼虫 乳白色，长 2.5～3 毫米。全体肥大粗短，多横皱，背面隆起，腹面平坦，略呈半球形。头小，呈椭圆形，深褐色，有光泽。口器黑褐色，上颚着生尖长形端齿 2 个。无足。腹部第一至第三腹节背板被横皱分为明显的三部分。腹部各节上侧区单一，各着生刚毛 2 根，下侧区分为上、中、下三叶，上无刚毛（图 4-1）。

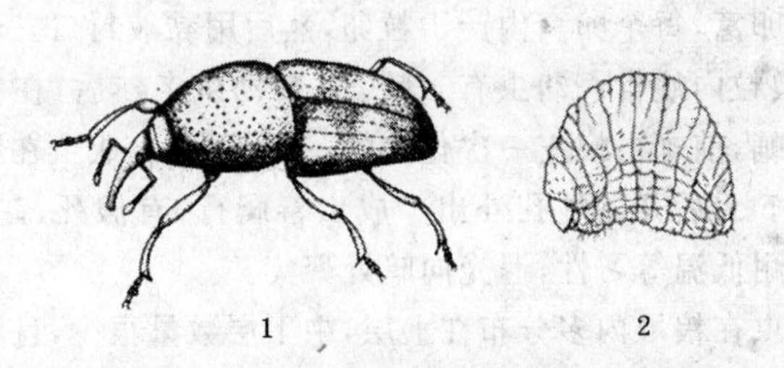

图 4-1 玉 米 象（仿丁锦华和苏建亚）

1. 成虫 2. 幼虫

4. 前蛹 乳白色，狭长，椭圆形。体长 3.75～4 毫米。胴部 1～3 节粗大，第四节以下则逐渐狭小。无足。

5. 蛹 体长3.5～4毫米，椭圆形。初化蛹时乳白色，后变成褐色。头部圆形，喙细长，伸达中足基部。前胸背板上有小突起8对，其上各生褐色刚毛1根。腹部共10节，第七节较大，腹部背面近左右侧缘处各有1小突起，上生褐色刚毛1根。腹末有1对肉刺。

（三）发生规律

玉米象每年发生1～7代，北方地区一年发生1～2代，南方温暖地区一年发生3～5代。主要以成虫越冬，少数以幼虫在粮粒内越冬。成虫一般在仓内黑暗潮湿的缝隙、垫席下、仓外砖石下、垃圾中、松土内以及树皮缝隙内越冬，当气温下降到15℃左右时成虫不再活动，开始进入越冬期。翌年春天气转暖时，在仓外越冬的成虫又飞回到粮堆内繁殖为害。

玉米象完成1代需时21～58天。成虫羽化后1～2天便在晚间交配，交配后约经5天开始产卵。雌成虫用喙在粮粒表面做卵窝，每个卵窝内产1粒卵，然后用黏液封口。卵孵化后，在粮粒内蛀食。幼虫有4龄。4龄幼虫老熟后，在粮粒内化为前蛹，前蛹再蜕皮一次化为蛹，然后羽化。成虫在粮粒内停留约5天后开始蛀孔外出。成虫善爬行，有假死、趋温、趋湿且较耐低温等习性，遇光向暗处聚集。

成虫在粮堆内多分布在上层，中下层数量很少，且随粮堆内粮温的变化在粮堆迁移。在春末夏初气温达15℃时，越冬成虫大都在离粮堆面30厘米以内的上层或向阳面粮温较高的部位活动。夏季及初秋气温达30℃以上时，大批向粮堆下层及向阴面或其他比较通风阴凉的地点活动。秋凉后，又转到粮堆中层或向阳面粮温较高地方活动。

(四)防治技术

1. 清洁卫生防治 粮食入库前,应对粮仓内外进行清扫和消毒,做到“仓内六面光,仓外三不留”,即仓内地面、四壁和天花板经过扫除、嵌缝粉刷、剔刮虫窝、药剂消毒后达到整洁光滑;仓外垃圾、杂草必须清除;仓库周围沟渠、水道要疏通保持清洁,使越冬害虫不能躲藏。

2. 物理防治 可将粮食在炎热的天气里暴晒杀虫或在-5℃以下的低温季节里,把门窗全部打开,让空气在仓内对流,同时把种堆深翻成波浪式的深沟,在仓内通风冷冻杀虫。有条件的地区可利用机械加温进行机械干燥法杀虫。粮食入库后,可用聚乙烯塑料薄膜等封闭粮面或用大豆等非寄主粮压盖粮面,可有效阻止玉米象的侵入。

3. 诱杀 因玉米象的成虫有向上爬的习性,可在粮面扒若干小尖堆,堆顶设陷阱诱虫器,插草把或在粮堆上铺盖麻袋、布片等诱集成虫,收集后集中杀灭。当玉米象发生较重时,必要时采用移顶法,移出表层粮食并加以处理。

4. 化学药剂防治 用磷化铝、敌敌畏熏蒸,防虫磷、谷虫净拌粮杀虫。

二、谷 蠹

谷蠹(*Rhizopertha dominica* Fabricius)属鞘翅目(Coleoptera)长蠹科(Bostrichidae)昆虫。

(一)分布与危害

分布于世界各地,特别是温暖地区。在我国各地均有分布，主要发生在长江中下游各省、华南及山东等地，尤以华南地区更为突出。它对贮粮的为害不亚于玉米象，它所咬下的谷物重量大大超过它所吃的重量，对粮食所造成的损失重量为其体重的5～6倍。谷蠹食性复杂，其寄主有稻谷、大米、小麦、玉米、高粱、豆类、豆饼、薯干、粉类、药材、干果、蔬菜、图书、皮革、木材及其制品等。以稻谷、小麦受害最重，大量发生时常引起贮粮发热，有利于后期害虫、螨类及真菌的发生。

（二）形态识别

1. 成虫 体长2.4～3毫米。体呈长圆筒形，暗褐色到暗赤褐色，略有光泽。头部下弯，隐在前胸之下。复眼圆形，黑色。触角10节，第二节约与第一节等长，末端3节扁平膨大，带黄棕色。前胸背板中央隆起，前半部有4排倒生鱼鳞状短齿，呈同心圆排列，后半部密生小颗粒状突起，近后缘基部中央两侧无凹陷。鞘翅末端向后下方斜削，每鞘翅上着生由刻点排成的纵线9条，且有倒伏状弓形黄色短毛。足粗短，各着生胫距2个（图4-2）。

2. 卵 长椭圆形，乳白色。长约0.57毫米。一端稍细而中间微弯呈褐色，另一端稍粗。

3. 幼虫 体长2.5～4毫米，弯曲呈弓形。初孵化时乳白色，老熟后为淡棕色。头部很小，呈三角形，半缩在前胸内，并带黄褐色。上颚着生3个小齿。无眼；触角短小，由2节组成，末端着生小乳状突起及刚毛4根。胴部共12节，乳白色，第一至第三节较粗，中部较细，后部又稍粗并弯向腹面。胸足3对，很细小，带灰褐色。全体疏生淡黄色细毛（图4-2）。

4. 蛹 体长2.5～3毫米。头下弯。复眼、口器、触角及翅略带褐色，其余为乳白色。腹部可见7节。鞘翅可达第四腹节，后翅可达第五腹节，中足及后足盖在鞘翅之下。腹部自第五节以下各节都略向腹面弯曲。腹部末节狭小，着生分节的小刺突 1 对。雌虫 3 节，伸出体外；雄虫 2 节，短小，端部向内弯。

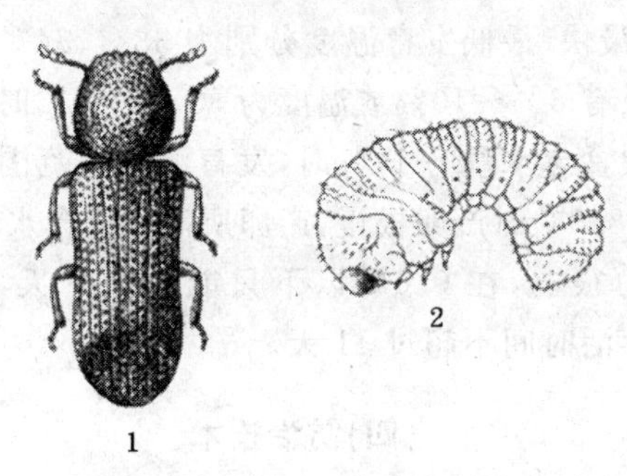

图 4-2 谷 蠹(仿洪晓月和丁锦华)

1. 成虫 2. 幼虫

(三)发生规律

一年发生 2～5 代。以成虫越冬，常在发热的粮堆中生存，当粮温降低时向粮堆下层转移，蛀入仓库木板或竹器内，以仓板与粮粒接触处为最多；少数以幼虫越冬。越冬成虫在翌年 4 月份，当气温上升到 13℃左右时，开始活动、交配或产卵，7 月中旬出现第一代成虫，8 月中旬或 9 月上旬前后为第二代，此时为害最严重。成虫羽化后一般经 5～8 天才开始交配产卵。卵单产或 2～3 粒连产在谷颖或粮粒裂缝中，卵外黏附粉屑或粪便，卵的孵化率在 95%以上。幼虫孵出后，性极活泼，爬行于粮粒之间，并从粮食胚部或破损处蛀入，直至发育为成虫才钻出；未蛀入粮食内的幼虫可取食粉屑或侵食粮食外表，也可稍大后再蛀入粮食。幼虫一般有 4 龄，有时 5～

6 龄，但极少。

谷蠹耐热及耐干的能力很强，有趋光性，喜群聚，飞翔能力也强，在粮堆中喜居于粮堆的中下层，即使粮食温度达35℃～38℃，粮食含水量为12%时，其分布层次依然不改变。它的最高、最快、最低发育温度分别为38℃、34℃、22℃，当粮食含水量只有8%～10%或温度为35℃～40℃时仍能正常发育繁殖。粮食含水量为14%时，发育温度的范围为18.2℃～39℃。在18.3℃时产卵极慢，产卵所需最低含水量约为8%。此虫抗寒力很弱，在0.6℃以下只能生存7天，在0.6℃～2.2℃时，存活时间不超过11天。

（四）防治技术

1. 清洁卫生防治 粮食入库前，应对空仓、器材进行消毒；要将粮食中的杂质、害虫除去后入库。

2. 低温杀虫 因谷蠹不耐低温，可在冬季将仓库门窗打开，或将贮粮移至室外薄摊冷冻杀虫。温度在－1℃～－2℃时，粮食薄摊10～20厘米，冷冻4天，可杀死99%的害虫。

3. 高温杀虫 结合粮食烘干，将温度升至55℃可杀死谷蠹。

4. 诱杀 黑光灯诱杀效果好，可将诱捕装置置粮面上空80～100厘米处。也可将甘薯丝炒干后拌少许红糖或炒米糠诱杀。

5. 化学药剂防治 用磷化铝、敌敌畏熏蒸，也可用防虫磷、谷虫净保护剂拌粮杀虫。

三、长角扁谷盗

长角扁谷盗(*Cryptolestes pusillus* Schöenherr)属鞘翅目(Coleoptera)扁甲科(Cucujidae Latreille)昆虫。

(一)分布与危害

分布遍及全世界,在国内各省、自治区均有分布。为害损伤、破碎及呈粉屑状的粮食、豆类、油菜籽,以及多种粉类、可可、干果、椰肉、中药材及香料等。偶尔也取食玉米象的卵。是粮油、土特产、中药材等仓库及加工厂常见且重要的后期性害虫之一,而又以粉类及油籽类贮粮中发生最多,但对粮食造成的损失不大。

(二)形态识别

1. 成虫　体长1.4～2.2毫米,宽0.5～0.7毫米。体呈长扁形,暗褐色至暗赤褐色,略带光泽。头呈三角形,头顶中央有一极细的纵隆起线。复眼圆形而突出,黑褐色。触角11节,细长。雄虫触角长于体长的3/4,较雌虫长,呈丝形,末3节长且两侧近于平行;雌虫的触角长度只有体长的1/2,触角节短,呈珠形,末3节向末端扩张。前胸背板略呈扁形,宽为长的1.2～1.3倍,两侧向后不显著缢缩;前角略圆,后角稍钝,两侧近侧缘处各有一条极细的纵隆起线。小盾片横长方形,后缘圆形。鞘翅长不大于其总宽的1.75倍,在第一、第二或第二、第三隆脊间有4纵列刚毛。每鞘翅上有纵行的细脊纹5条(图4-3)。

2. 卵　长0.4～0.5毫米,呈椭圆形,乳白色。

3. 幼虫 长 3 毫米,体淡黄色,扁长形。头扁平,赤褐色,最宽部分近于中部。侧单眼 3 对排成不规则环形。触角由 3 节组成,短小,第一节宽短,第二、第三节等长,为第一节的 2 倍。前胸腹面有 1 对丝腺,端部游离,略向外弯,向前伸达头部,且末端各有小而直的刚毛一群,排成环形,丝腺在背面完全看不见。胴部前半部扁平,后半部略肥大,末节圆锥形。胴部末端着生 1 对褐色尾突,尾突细长而尖,两尾突尖头末端的距离常大于尖头之长,尖头略向外弯。每腹节两侧各着生淡黄白色细毛 2 根,全体散生淡黄色茸毛(图 4-3)。

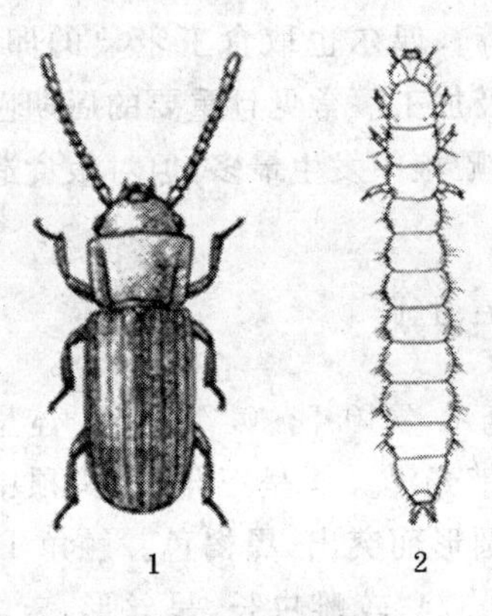

图 4-3 长角扁谷盗

(仿万锦华和苏建亚)

1. 成虫 2. 幼虫

4. 蛹 长 1.5～2 毫米,淡黄白色。头顶宽大,复眼淡赤褐色,前胸背板扁形。后足伸达腹面第四节后缘。鞘翅狭长,伸达腹部腹面第五节后缘。腹部末节狭小,近于方形,末端着生小肉刺 1 对。头部、前胸背板及各腹节背面散生黄褐色细长毛。

长角扁谷盗与锈赤扁谷盗(*Cryptolestes ferrugineus* Stephens)和土耳其扁谷盗(*Cryptolestes turcicus* Grouvelle)的形态极为相似,鉴别特征详见表 4-1。

表 4-1　三种扁谷盗的成虫、幼虫形态鉴别

鉴别项目		长角扁谷盗	锈赤扁谷盗	土耳其扁谷盗
成虫	体色	暗褐色至暗赤褐色，光泽显著	赤褐色，光泽显著	赤褐色，光泽显著
	体形	扁而短小	扁而略瘦长	扁而长、大
	触角	雄虫触角丝状，较长，末端3节两侧近于平行；雌虫的触角粗短，呈念珠状	雌雄触角短而细，均为念珠状，长度极少超过体长的1/2	雌雄触角均较长。雄虫触角末端3节两侧缘各自基部向端部略扩张
	前胸背板	显著横行，后缘较前缘狭窄；前缘角显著圆形，后缘角稍长	倒梯形，后缘较端缘显著突出	近方形，前缘角稍带圆形，后缘角较尖
	鞘翅	长度为宽度的1.5倍	长度为宽度的2倍	长度至少为宽度的2倍
	阳茎侧突	端部宽圆形	端部圆形	端部甚尖
	前胸腹面	中纵骨化纹的色泽介于头部与骨化舌杆之间	中纵骨化纹明显，色泽较头部深与骨化舌杆色泽近似	中纵骨化纹的色泽略比头部深，远比骨化舌杆色泽浅
幼虫	丝腺	端部游离，略向外弯曲，向前伸达头部，并各有小而直的刚毛一群排成环形	端部位于前胸前侧角，膨大呈肩状与体愈合；端部有显著的直刚毛行排成亚圆形，在背面能见	端部游离，略向内弯。顶端的刚毛长，端部略弯曲。背面不能见
	第九腹节	腹面的环肛片中央不完整	腹面的环肛片中央完整	腹面的环肛片中央完整

(三)发生规律

一般1年发生3～6代。在广东省每年发生4～6代，江西省每年发生4～5代。以成虫在较干燥的碎粮、粉屑、底粮、尘芥或仓库缝隙中越冬。成虫有趋光性，善飞翔，特别在夏季黄昏时。雌虫寿命一般比雄虫长。成虫羽化后，在茧中静止一至数日，便开始活动交配，经2～6天后产卵，卵散产或集中产于粉类表层约5毫米以内或产于粮粒裂缝、破损处，卵外常黏附着食物颗粒。雌虫产卵20～334粒，平均产卵量为242粒。幼虫共4龄，第一龄不活动；第二、第三龄活动，往往钻入粮粒胚部或谷粉内；第四龄活动最剧烈，善于爬行到粮粒或谷粉表面。幼虫老熟后即连缀粉屑做成白色薄茧，在茧内化蛹，极少在茧外化蛹。幼虫喜取食种子胚部，但以为害粉类及碎屑为主。

此虫的最适温度为32℃，最适相对湿度为90%，在此条件下，完成一代只需28天，平均卵期为3.5天，幼虫期17.9天，蛹期4.4天，完成1代只需27.3天。雌成虫平均寿命为138天，雄成虫平均寿命为98天。温度越低需时越长，在21.5℃条件下完成一代需时长达80～100天。在21℃成虫寿命为242天，产卵较多；而32℃产卵较少。在21℃的条件下，相对湿度为70%时，平均产卵量却仅有16.7粒；相对湿度为90%时，平均产卵可达85.1粒。此虫抗低温能力较差，在－0.5℃下各虫态均死亡。在营养条件不利的情况下，有自相残杀的现象。

(四)防治技术

首先应对贮藏仓库清扫消毒，可用芸香、肉桂、八角茴香等香料及中药材防虫驱虫。粮食感虫后,可采用日光暴晒法清除,也可用过筛法处理。其他防治法见第五章有害生物的综合防治。

四、豆象类

豆象类害虫一般指豆象科(Bruchuidae)的仓虫。这类仓虫目前全世界已知的有 50 余种。它们主要为害食用种用豆类和豆科经济林木种子,造成很大损失。国内已知属于豆象科的约有 9 种,常见的危害较重的有绿豆象(*Callosobruchus chinensis* Linnaeus)、蚕豆象(*Brachus rufimanus* Boheman)、豌豆象(*Brachus pisorum* Linnaeus)。属于长角豆象科的常见的则有咖啡豆象(*Araecerus fasciculatus* De Geer)。

下面以绿豆象为例简述豆象类害虫。绿豆象俗称中国豆象、豆猴、铁嘴。

(一)分布与危害

分布遍及全世界,在国内各省、自治区均有分布。绿豆象寄主广泛,主要为害绿豆和赤豆,是绿豆贮藏期的主要害虫。它以幼虫蛀食绿豆、豇豆、蚕豆、豌豆、大豆、莱豆等各种豆类和莲子等。受害豆粒一粒豆内往往有虫数头,豆粒被蛀食后内部被蛀,而且容易引起真菌侵入,造成豆粒变色,有苦味,食用价值明显下降,发芽率降低。

(二)形态识别

1. 成虫 体长 2.6～3.5 毫米,宽 1.3～2 毫米,卵圆形,

体色为茶褐色或深褐色，密生各种茸毛；头密布刻点，前胸背板后缘中央有两个瘤突，上有椭圆形白毛斑。小盾片纵长方形，被有灰白色毛。鞘翅小、刻点密，后半部有向外倾斜的白色条纹两排(图 4-4)。

2. 卵　长约 0.6 毫米，椭圆形。初产时为乳白色，后变为淡黄色。半透明，略有光泽。

3. 幼虫　长约 3.6 毫米，乳白色，肥大弯曲，多横皱纹，胸足退化呈肉突状(图 4-4)。

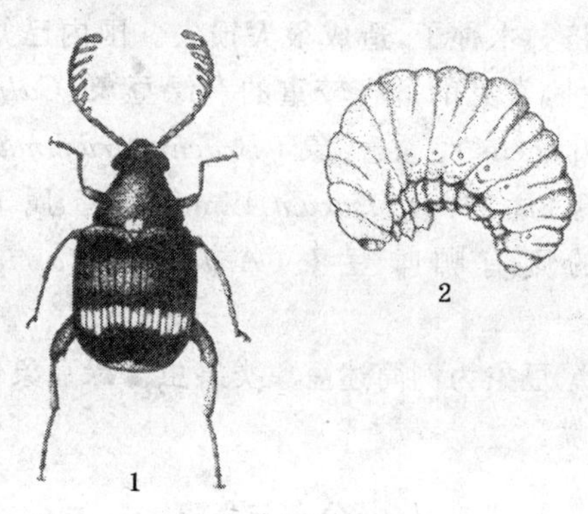

图 4-4　绿豆象

(仿洪晓月和丁锦华)

1. 成虫　2. 幼虫

4. 蛹　长 3.4～3.6 毫米，椭圆形，淡黄色。腹部末端颇肥厚，足和翅痕明显。

几种国内常见豆象的形态鉴别详见表 4-2。

表 4-2 几种国内常见豆象的形态鉴别

鉴别项目		绿豆象	蚕豆象	豌豆象	四纹豆象
成虫	触角	雄虫梳齿状，雌虫锯齿状	锯齿状	锯齿状	弱锯齿状
	前胸背板	三角形，后缘中央有 1 对并列而细长的灰白色毛斑	显著横宽，侧缘中央具齿，齿尖向外；后缘中央具三角形白色毛斑	横宽，两侧缘中间各有齿一个，齿尖向后；后缘中央有一近圆形灰白色毛斑	亚圆锥形，前缘中央向后有一纵凹陷，着生浅黄色毛；后缘中央有 1 对瘤突，被白毛
	鞘翅	后半部有向外倾斜的白色条纹 2 排	中后部具“八”字形白色毛斑	末端 1/3 处有灰白色毛斑，组成“八”字形	每一鞘翅上有 3 个黑斑，鞘翅淡色区多构成“X”形图案
	后足腿节	腹面内缘有 1 个细长的齿，末端钝圆	内缘端部有 1 个短而钝的齿	末端具一尖而长的齿突，与腿节成锐角	腹面外缘脊端齿大而钝，内缘脊端齿则长而尖
	臀板	被灰白色毛，腹部从腹面看可见 5 节，两侧有小白点	臀板末端有 2 个不甚明显的黑斑	臀上有 2 个明显的黑毛斑，中央有一“T”字形灰白斑	雄性臀板黑色。雌虫臀板黄褐色，有白色中纵纹
幼虫		乳白色。头黄色，较小，隐缩入前胸内。体肥大弯曲，多横皱。胸足退化呈肉突状	乳白色。头小、淡褐色。体肥胖，多横皱，弯曲成“C”字形，有红褐色背线	老熟幼虫白色。头黑色，短而肥胖多皱，呈菜豆形向腹方弯曲。胸足退化成小突起	老熟幼虫白色。头部椭圆形，具黄褐色横纹。体粗壮，弯曲呈“C”字形。足退化

续表 4-2

比较项目	绿豆象	蚕豆象	豌豆象	四纹豆象
蛹	头部向下弯曲。腹部末端颇肥厚，显著向腹面斜削。足和翅痕明显	前胸背板和鞘翅上密生细皱纹	前胸及鞘翅光滑无纹。前胸背板两侧缘各具一个向后伸的齿状突起	椭圆形，乳白色或淡黄色。体被细毛
卵	椭圆形，稍扁平。初产时为乳白色，后变为淡黄色，半透明，略有光泽	椭圆形，乳白色，半透明，一端略尖，无丝状物	淡黄色，椭圆形，一端较尖，有放射状的胶丝。其中有2根丝状物较长，约0.5毫米	椭圆形，扁平，乳白色

(三)发生规律

全国各地发生代数不同，一般一年发生4～5代，而在南方温度适宜地区最多可发生9～11代，完成一生活世代需24～45天。在25℃～30℃，相对湿度80%左右，发育最快；温度低于10℃或高于37℃，不能完成发育。多以幼虫在豆粒内越冬，翌年春季化蛹羽化，也可以成虫越冬。成虫具假死性，趋光性，寿命一般为12天。交尾后雌虫在仓内豆粒上产卵，喜产卵于光滑的豆粒表面，同时分泌黏性物质，使卵牢固黏附于豆粒表面，每豆有卵3～5粒，多产于种子堆上层，每雌可产70～80粒。卵期为4～15天，幼虫孵化后即自卵壳下蛀入豆粒为害，经过13～34天，即可老熟化蛹，蛹期3～18天。绿豆象不只在仓内为害，只最初几代在仓内繁殖，当田间绿豆快要成熟时，成虫会飞往田间，在绿豆豆荚内产卵繁殖，然后随同收获的豆粒进入仓库，继续繁殖危害，直至越冬。

(四)防治技术

1. 选育抗豆象绿豆品种，减轻绿豆象为害　如晋绿豆3号，就对绿豆象有很高抗性。

2. 化学防治　绿豆量较少时，可将绿豆种密封在一个桶内保存，放入用小布袋包裹的磷化铝。装量较大时，可在密封的仓库或熏蒸室内用磷化铝熏蒸。此外，未经精炼的菜油对绿豆象也有很强的杀灭作用。处理时按0.8%～1%的量将油倒在豆子(如绿豆、赤豆、菜豆等)中，充分拌搅均匀，然后密封贮藏。

3. 物理防治　①绿豆收获后，抓紧时间晒干或烘干，间断翻动，待粮温升到50℃，保持4～6小时，杀虫效果较好。此外，在暴晒后的绿豆表面覆盖一层15～20厘米的草木灰或细沙土，可防止外来豆象成虫产卵。

②家庭贮存绿豆，可装于可口可乐瓶等肚大口小的密封容器内，用时取出，不用时再密封，保存效果很好。

③绿豆象闻触花生油不产卵，可用0.1%花生油敷于种子表面，放在塑料袋内密封。也可以放入适量碱面，搅拌均匀，可贮藏半年以上。

④植物熏避除虫。任取花椒、茴香或碾成粉末状的山苍子一种，每12～13克装一纱布小袋，一般每50千克粮食放2袋，均匀埋入粮食中，也可有效驱避绿豆象。

⑤开水烫杀。将水烧开，用箩筐将豆子浸入，均匀搅动20秒，可杀死大部分的豆象，发芽率也不受影响。

⑥使用粮食防虫包装袋贮藏绿豆。

五、赤拟谷盗和杂拟谷盗

赤拟谷盗(*Tribolium castaneum* Herbst)和杂拟谷盗(*Tribolium confusum* Jacquelin du Val)均为鞘翅目(Coleoptera)拟步甲科(Tenebrionidae)昆虫。

(一)分布与危害

赤拟谷盗和杂拟谷盗是具有重要经济意义的贮粮害虫,在世界范围内分布广泛,在我国各省、自治区也均有发生。食性复杂,为害范围很广,能为害粮食类、经济类作物果实及制品,如稻谷、小麦、玉米、高粱、豆类、薯干、油料、药材、干果、糠麸等,其中对面粉、玉米、油料、糠麸为害最严重,属于重要的后期性害虫。成虫大量发生于面粉时,可使面粉结块、变色、产生腥霉臭味,颜色也发生变化,无法食用。

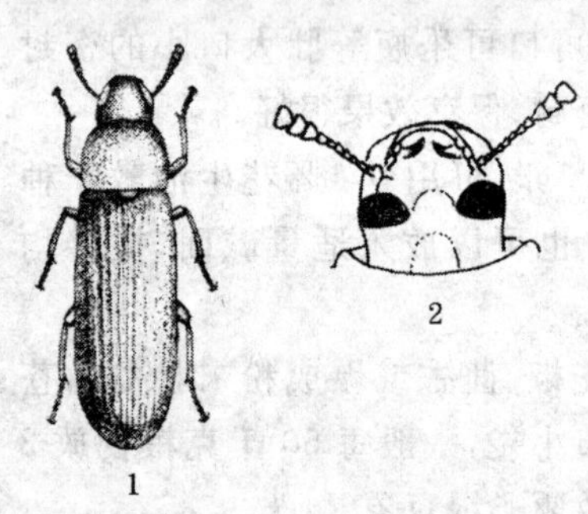

图 4-5 赤拟谷盗

1. 成虫 2. 成虫头腹面观

(二)形态识别

1. 成虫 赤拟谷盗成虫体长 3～4 毫米,体扁平,长椭圆形,赤褐色至黑褐色,有光泽。头扁宽,复眼长椭圆形,两复眼之间距离等于或稍大于复眼横直径宽度,触角 11 节,端部 3 节膨大呈锤状(图 4-5)。前胸横长方形,前缘角略向下弯,并密生小刻点。小盾片横长方形。每鞘翅上有纵行刻点 10 条。

2. 卵 长约 0.6 毫米，长椭圆形，乳白色，表面粗糙，无光泽。

3. 幼虫 体长 7～8 毫米，爬虫式，细长圆筒形，体略骨化，骨化部分淡黄白色，腹末背面有向上翘的臀叉，臀叉由基部向端部逐渐缩小为 1 个尖。

4. 蛹 体长 4 毫米左右，淡黄白色。

杂拟谷盗形态与赤拟谷盗相似，其主要区别是：触角末端 5 节逐渐膨大成棍棒状；复眼较小，两复眼之间距离是复眼横直径宽度的两倍以上。

(三)发生规律

赤拟谷盗每年发生 4～5 代，每代需时 32～103 天。大多以成虫群集于包装物、杂物及仓库内的各种缝隙内越冬；以幼虫或蛹越冬者很少。越冬成虫于翌年 4 月上中旬左右出蛰，成虫交尾后 3～8 天开始产卵，平均每雌产卵 300 多粒，最多可达 1 000 粒左右。卵散产在粮粒表面或栖息场所的缝隙中，在温度 29℃和相对湿度 75％的条件下，经 5～6 天幼虫孵化。幼虫一般为 6～7 龄，若饲料缺乏则龄期增加。幼虫期经过约 30 天，蛹期 8 天左右。

赤拟谷盗成虫喜黑怕光，具有负趋光性；飞翔能力较弱，但爬行迅速，有假死性；寿命长，一般在食物充足时寿命偏短，而食物不足时反而有延长的趋向；可分泌臭液污染贮藏物，产生一种极难闻的霉臭味；与其幼虫均喜群居。赤拟谷盗各虫态耐低温能力弱，在 0℃时 1 周即死；在0.5℃～5℃下，经 1 个月各虫态也不能存活；其最适生长温度为 28℃～30℃。

杂拟谷盗在 27℃和相对湿度 70％条件下，完成其生活周期约需 37 天。其中卵期平均 6 天，幼虫期平均 22 天，蛹期平均9天。每一雌虫一生能产卵达1 000粒以上。

杂拟谷盗各虫态的生活习性与赤拟谷盗都极为相似。

(四)防治技术

由于赤拟谷盗和杂拟谷盗的食性杂、分布极为广泛,加上发生代数多、成虫寿命长、产卵量多,所以其后代的发育很不整齐,给防治带来一定困难。因此,对于该虫的防治主要贯彻“预防为主、综合防治”的方针。

1. 仓库清洁 由于赤拟谷盗和杂拟谷盗既是粮食等各种仓贮品的害虫,又是面粉厂和饲料厂的重要害虫,因此应全面、持久地开展清洁卫生工作,造成一种不利于其生长与繁殖的环境,使其在不适于生存的条件下逐渐趋于死亡,从而形成粮食安全贮藏的有利条件。这在赤拟谷盗和杂拟谷盗的防治中能起到非常重要的作用。

2. 生态控制 赤拟谷盗和杂拟谷盗喜欢在黑暗和相对温暖的环境下生活,而且对氧气也有一定的要求。因此,通过改变仓库的温度及氧气含量等措施,可以收到很好的防治效果。如利用北方自然低温以及自然低温辅助机械降温,控制室内温度在5℃以下,并保持一定时间,可使赤拟谷盗和杂拟谷盗各虫态全部死亡;也可采用无机脱氧剂调节,使室内氧气体积分数降至0.2%以下;或利用工业产的二氧化碳,使室内CO_2体积分数保持在50%~75%,可控制其生存。

3. 药剂防治 常用的熏蒸剂有甲酸乙酯、CMC(羧甲基纤维素钠)、磷化锌和磷化铝等。可根据贮藏物体积大小,分别采用整库熏蒸、帐幕熏蒸和密封柜、密封罐等形式熏蒸,但熏蒸过程中必须注意密闭和安全。三种熏蒸剂的使用剂量分别为:甲酸乙酯40毫升/米^{3}密闭36小时,CMC磷化锌5~

10 克/米^3 密闭 1～3 天，磷化铝 5～10 克/米^3 密闭 5 天，对赤拟谷盗和杂拟谷盗成虫和幼虫均有很好的杀灭效果。

此外还可用肉桂、芸香、八角茴香、丁香粉等精油的植物源杀虫剂，对赤拟谷盗成虫有明显的驱避和杀灭作用。

4. 生物防治 对赤拟谷盗和杂拟谷盗的生物防治主要有以下几种：一是应用黄色花蝽和仓双环猎蝽等天敌昆虫进行捕杀。二是利用微生物杀虫剂白僵菌，采用喷粉、喷雾等方法施药，也可通过释放带菌活虫和死虫等方式，使其在害虫种群中相互感染，不断自然蔓延，造成病害的流行。

六、锯 谷 盗

锯谷盗(*Oryzaephilus surinamensis* Linnaeus)是鞘翅目(Coleoptera)锯谷盗科(Silvanidae)昆虫。

(一)分布与危害

在世界范围内广泛分布，于国内普遍发生。食性很复杂，主要为害稻谷、小麦、面粉、干果、药材、禾谷类、豆类、粉类、烟草、食用菌、玉米等，喜食破碎玉米等粮食的碎粒或粉屑。为害食用菌时，幼虫蛀食子实体干品(成虫也可为害)，属重要的后期性害虫。

(二)形态识别

锯谷盗成虫体长 2～3.5 毫米，扁长椭圆形，暗赤褐色至黑褐色，表面生有黄褐色密的细毛，无光泽。头部长梯形，复眼黑色突出，触角棒状 11 节。前胸背板近似纵长方形，背面有 3 条明显纵脊，中脊直，两侧呈弧形，两侧缘各有锯齿 6 个。

鞘翅长，两侧近平行，后端圆；翅面上有纵刻点列及4条纵脊。雄虫后足腿节下侧有1个尖齿。

幼虫扁平细长，体长3～4毫米，灰白色，疏生淡黄色细毛（图4-6）。

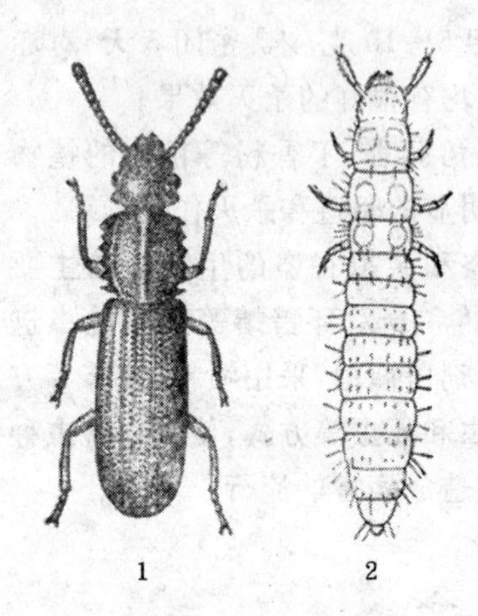

图4-6 锯谷盗

（仿洪晓月和丁锦华）

1. 成虫 2. 幼虫

（三）发生规律

锯谷盗一年发生3～5代，每代发育历期的长短视温度高低而异，在25℃～27℃完成一代要25～30天，当仓库内相对湿度90%左右，气温35℃时18天即可完成1代。该虫耐寒力较强。30℃～35℃，相对湿度70%～90%是锯谷盗适宜的生长发育温度和相对湿度的组合范围。成虫多飞往室外缝隙、砖石下或树缝中越冬，翌年春天飞回室内，喜群聚。每头雌虫平均产卵70粒左右，多产于碎屑中。幼虫行动活泼，有假死性，食碎粮外表或完整粮胚部，或钻入其他贮粮害虫的蛀孔内取食为害。成虫耐低温、高湿，抗性强，爬得很快，并有向上爬的习性，很少飞翔。由于身体扁平，所以容易钻入仓库缝隙和打包不紧的包装内。成虫可活6个月至3年。

（四）防治技术

1. 生态控制 仓贮粮食或种子要纯净干燥，颗粒完整。控制成品含水量在12%～13%。贮藏中发现成品含水量超过上限时，要及时晾晒或置入 55℃～60℃烘干机内烘焙。种子包装要密封在不透气容器中，也可使用粮食防虫包装袋。

可选择晴天摊晒粮食，一般厚 3～5 厘米，每隔半小时翻动一次。粮温升到 50℃，再连续保持 4～6 小时。粮食温度越高，杀虫效果越好。晒粮时需在场地四周距离粮食 2 米处喷洒敌敌畏等农药，防止害虫窜逃。

低温冷冻除虫：气温达到－10℃以下时，将粮食摊成 7～10 厘米厚，冷冻 12 小时以上，即可杀死贮粮内的害虫。冷冻的粮食需趁冷密闭贮存。含水量在 17％以上的种子粮和花生不能用此法。

2. 药剂防治 可使用磷化铝进行熏蒸，也可采用植物性物质，如花椒、茴香或者是苍耳的种子，粉碎后袋装防虫。

七、大谷盗

大谷盗（*Tenebroides mauritanicus* Linnaeus）属鞘翅目（Coleoptera）谷盗科（Ostomatidae）昆虫。

（一）分布与危害

别名米蛀虫、乌壳虫，在全世界均有分布，国内除宁夏回族自治区、西藏自治区外，各地均有发生。食性复杂，主要为害稻谷、大米、麦类、玉米类、面粉、薯干等，也能为害豆类、油料、药材、干果、酒曲等，喜食麦类胚部，对禾谷类种子破坏力极大，属于重要的初期性害虫。也可破坏包装物，造成其他仓贮害虫入侵。

(二)形态识别

1. 成虫 体长6.5～10毫米,扁平长椭圆形,深褐色至漆黑色,无毛,有光泽。头呈三角形,前伸,额稍凹,上唇、下唇前缘两侧具黄褐色毛,上颚发达外露;触角棍棒状11节,末端3节向一侧扩展呈锯齿状。前胸背板为倒梯形,前胸、翅脉之间有颈状连接,鞘翅长是宽的2倍,每一鞘翅上具7条纵刻点行(图4-7)。

2. 卵 长1.5～2毫米,椭圆形细长,一端略膨大,乳白色。

3. 幼虫 体长14～20毫米,体呈扁长形,白色或灰白色。头黑褐色,近长方形,体前部较窄,向后渐宽。胸部第一节黑褐色、左右分开,第二、第三节背面各具黑褐色圆斑1对。腹部后半部粗大,尾末着生黑褐色钳状臀叉1对(图4-7)。

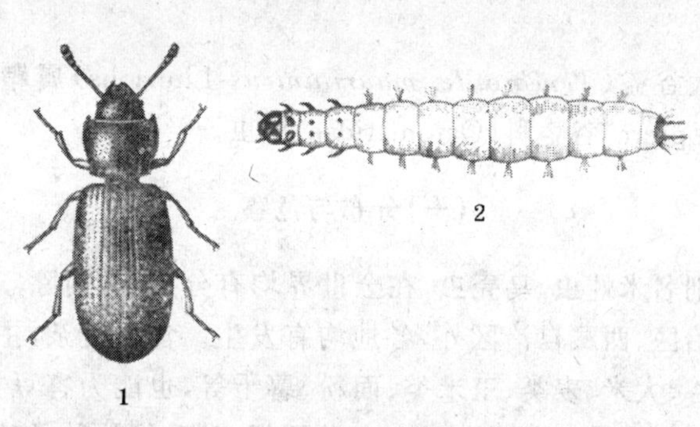

图4-7 大谷盗(仿邓喜望)

1. 成虫 2. 幼虫

4. 蛹 长8～9毫米,扁平形,乳白色至黄白色。

(三)发生规律

温带、热带地区年发生1～3代，多以成虫潜伏在仓库的各种缝隙中越冬。越冬成虫于翌年3～4月份开始活动、产卵，夏天出现成虫。成虫出现后不久即产卵，每雌产卵500～1 000粒，产卵期2～14个月，卵单产或成块，卵常混入碎屑或缝隙中。成虫寿命长达1～2年。成虫和幼虫性凶猛，常自相残杀。幼虫喜在阴暗处、粮堆底层活动，主要食谷类的胚部。成虫也可以生活在室外的树皮下及蛀木性昆虫的隧道内，营捕食生活。幼虫耐饥力、抗寒性强，老熟后蛀入木板内或粮粒间或包装物折缝处化蛹。

(四)防治技术

防治大谷盗主要采取以加强仓库环境和卫生管理为基础，充分使用机械物理方法并结合化学防治的综合防治措施。

1. 加强仓库管理 在粮粒入库前，要抓紧对空仓进行全面彻底地清扫和消毒，消灭仓内外残存害虫和越冬害虫。对入库和在库粮粒进行认真检查，发现问题及时处理。将新粮与陈粮、有虫粮与无虫粮、已经熏蒸与未熏蒸的粮粒严加隔离，以避免害虫扩散蔓延。

2. 生态调控 低温晴天，使仓内通风，降低仓内温湿度；在气温上升，雨量增多，害虫活动前，把仓库密闭，保持低温干燥条件，造成不利于害虫生长发育和繁殖的环境，以减轻害虫为害。

3. 人工过筛 农户在贮存粮食和种子的过程中，如果存贮量较小，在发现大谷盗为害初期，可采用过筛的办法清除。

4. 药剂防治 在粮堆未感染大谷盗前，可把植物(如花椒、茴香或山苍子等)晒干碾碎成粉末,每 100 千克使用上述粉末 30 克,包成包放入粮堆内部,可起到驱虫防虫的效果。

此外还可使用熏蒸剂杀虫,熏蒸剂多用磷化铝。使用具体方法为:熏蒸前,将仓库门窗、墙壁的缝隙糊严,农户可把家用小粮仓用塑料薄膜密闭,将磷化铝用布包包好,按使用说明剂量分散放置在粮堆不同位置,密闭 3~5 天即可。

八、脊胸露尾甲

脊胸露尾甲(*Carpophilus dim idiatus* Fabricius)属鞘翅目(Coleoptera)露尾甲科(Nitidulidae)昆虫。

(一)分布与危害

该虫在世界范围内广泛分布。食性复杂,为害范围广。脊胸露尾甲主要以幼虫为害,且体小色淡,深藏曲钻于粮食内部,不易被察觉。主要为害干果、谷物、面粉、腐败的果实及植物汁液,使受害物发霉变质、腐烂,产量与品质大大降低。

(二)形态识别

1. 成虫 体长 2~3.5 毫米。长椭圆形,背面略隆起,亮栗褐色至亮黑褐色。头宽大向下,复眼圆形、黑色。触角 11 节,触角第二节远短于第三节。中胸腹板无中纵脊。鞘翅甚短,两鞘翅宽大于长,后端呈切断状。腹末 2 节背板外露于翅外(图 4-8)。

2. 幼虫 体长 5~6 毫米,扁长形,白色或黄白色,有光泽,体躯前端小而后端略膨大。胸足 3 对。腹末端着生一对暗褐色尾突,近末端处突然收缩,两尾突间狭而呈圆形。

(三)发生规律

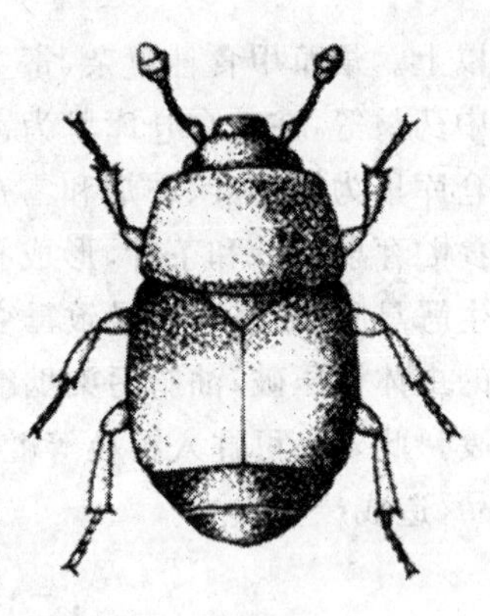

图 4-8　脊胸露尾甲成虫

该虫世代重叠现象明显，一年发生 5～6 代，每代历期33～38 天，在夏季适宜环境中 18 天可完成一代，冬季低温则需要 150～200 天，成虫群集于仓库内外的各种隐蔽处越冬。越冬成虫从 4 月上旬开始出蛰活动，6 月中旬至 9 月上中旬为全年的盛发期。10 月中旬以后，种群的数量渐少，成虫进入越冬状态。

(四)防治技术

要求入库前对粮粒进行暴晒或机械风干处理，使得存贮的粮食及种子含水量低，并随时保持存放地点干燥通风，发现粮粒被为害时可采用磷化铝熏蒸。

九、烟 草 甲

烟草甲(*Lasioderma serricorne* Fabricius)属鞘翅目(Coleoptera)窃蠹科(Anobiidae)昆虫，又名苦丁菜蛀虫、烟草窃蠹、烟草标本虫。

(一)分布与危害

该虫在全世界广泛分布，在我国大部分省、自治区都有分布，是我国主要的烟草仓贮害虫之一，占总虫口数量的 85%

以上。烟草甲食性复杂，寄主有烟草、禾谷类粉类粮食、豆类、中药材等，在粮食仓库里为害谷物、豆类、油料等粮食，在烟叶仓库里为害烟叶、香烟和雪茄等烟草制品。它主要以幼虫蛀食贮存期烟叶和茶叶，形成孔洞，并排出大量粪便，燃吸时产生恶臭味，而且可以导致霉变。在卷烟加工过程中，混入烟丝的虫体被压破，油脂污染烟纸，因烟纸上出现油印而使卷烟报废。此外也可蛀入粮粒等贮藏物内取食，蛀食多种粮食加工品，造成严重损失。

（二）形态识别

1. 成虫　体胖而结实，椭圆形，长 2.5～3.3 毫米，有光泽，黄褐色至赤褐色，密生黄褐色细毛。其头朝下弯，几乎与身体成一直角，从背面不易观察到。复眼大，黑色。触角 11 节，锯齿状。前胸背板高凸，圆弧形。鞘翅及其侧缘散布无规则的微小颗点和细毛（图 4-9）。

2. 幼虫　体乳黄色或灰白色。头褐色，小且覆盖有很密的细毛。末龄幼虫体长 4 毫米，C 形或脐螬形，胴部白色至浅黄白色。也有的体色近黑色，密生黄细毛，各节多皱纹（图 4-9）。

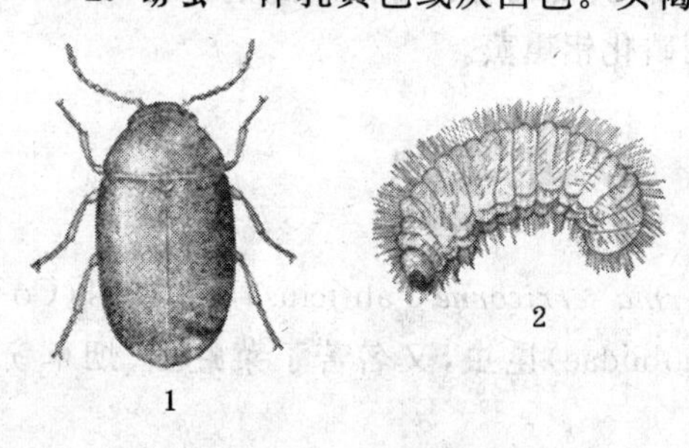

图 4-9　烟草甲

1. 成虫　2. 幼虫

3. 蛹　椭圆形，长约 3 毫米，乳白色。头隐于腹面，复眼黑色。前胸背板后缘两侧角突出。雄蛹腹末圆锥形，雌蛹腹末有 1 对刺突。

（三）发生规律

寒带一年发生1～2代，温带一年发生3～6代，亚热带一年发生7～8代。主要以老熟幼虫越冬，第二年气温上升到20℃时老熟幼虫开始活动，有世代重叠现象。烟草甲的发育最适温度是30℃，最适相对湿度为70%，在这种最适环境下完成生活周期约需24天。成虫在羽化时，常常咬破烟纸从中飞出，从而使烟支漏气。在羽化后先静伏3～5日，然后交配产卵。每一雌虫一生能产卵100多粒，卵多产在叶脉上的凹陷或褶皱处，也可产于中药材碎屑或容器壁。初孵幼虫较活泼，怕光，喜欢隐蔽在蔽光处或贮藏物里蛀食茶叶、烟梗、烟把等，取食叶肉，留下表皮。为害烟叶时，从烟包四角蛀入咬食，能将多层烟叶蛀穿，蛀孔圆形并有棕色粪便。为害卷烟时，在烟支内取食烟丝，由于虫粪、虫尸填在烟支内，常造成烟支吸食燃烧时出现异味。烟草甲幼虫共5～6龄，个别4龄或7龄，在33℃时发育最快。幼虫老熟后分泌物缀连食物碎屑，在缝隙处结白色坚韧薄茧，固定在寄主表面，化蛹其中，有的不作茧也能化蛹。

（四）防治技术

1. 搞好仓库清洁　搞好仓库内的清洁卫生工作，特别注意那些不易发现和不易清扫的地方，做好空仓、机具及包装品的消毒工作，对楼梯间、墙角缝隙等处喷洒防护剂。常用的防护剂为列喜镇、凯安保。这些措施是最基本的也是最佳的防治措施。同时，新旧烟草不宜混放，可减少烟草甲的转移为害。

2. 物理防治

（1）低温杀虫　寒冷地区冬季可把仓库温度降至－3℃，

维持 7 昼夜，大部分烟草甲幼虫将被杀死。

(2)灯光诱虫　针对该虫有趋光性，在仓库内安装诱虫灯。

(3)气调防虫　向密封的烟垛充二氧化碳或氮气等，能够抑制害虫的发生。利用除氧剂也可防治，同时还具有防霉作用。

(4)微波防治　利用微波照射 12～120 秒，可使烟草甲 100%死亡。

3. 化学防治　在仓库内对贮存 2 年左右的烟叶采用塑料膜密封保存，若发现烟叶已染虫，且虫口密度较大，可用磷化氢气体熏蒸防治。

4. 生物防治　可利用天敌控制烟草甲，目前已知的烟草甲天敌有米象金小蜂、希腊腐食酪螨等。据报道苏云金芽孢杆菌对烟草甲也有一定防效。

十、药　材　甲

药材甲(*Stegobium paniceum* Linnaeus)属鞘翅目(Coleoptera)窃蠹科(Anobiidae)昆虫，又称药谷盗。

(一)分布与危害

为世界性分布的害虫，在美国南部各州、德国柏林、印度卡纳塔克等地大量发生和为害，是中药材贮藏期的主要害虫之一，在我国大部分地区都有发现，为湖北、山东、贵阳等地药材贮藏期间害虫的优势种群。

该虫食性复杂，严重为害贮藏食品、动植物药材、烟草、档案图书、文物等，甚至取食锡箔、铝箔等金属制品。成虫常将中药材蛀成孔穴，幼虫蛀入中药材内部，形成很深的孔道，也可在碎屑和粉末中结成小团为害，老熟后就在其中化蛹。

(二)形态识别

1. 成虫 体长2～3毫米，长椭圆形，体红褐色至暗赤褐色，密被灰黄色细毛。头隐于前胸下，背面不能见。触角11节，腮叶状，末端3节扁平膨大，呈三角形。前胸背板近三角形，高凸隆起，帽状。复眼大，黑褐色。鞘翅完全遮盖腹部，各具明显纵行9条(图4-10)。

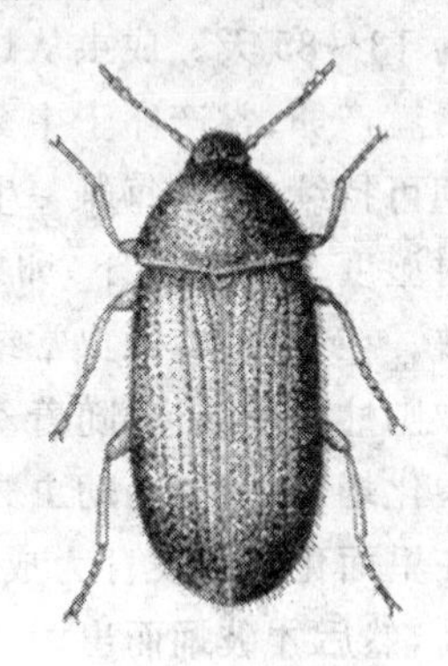

图4-10 药材甲成虫

(仿邓喜望)

2. 卵 卵小，长0.3～0.4毫米，椭圆形，端部凹陷。初产时透明，随后逐渐变为半透明，孵化之前变为淡黄色。

3. 幼虫 低龄幼虫体小，体长0.63～0.76毫米，肉眼不可见，除头壳外，全体透明，被稀疏毛。老熟幼虫体长可达3～6毫米，乳白色，体肥胖，多褶皱，高度弯曲，被稠密淡黄色细毛。腹部背面有横向排列的小短刺。

4. 蛹 长5～10毫米，被蛹室，初期近透明，后逐渐变为乳白色，羽化前变为褐色。

(三)发生规律

药材甲一年发生2～4代，通常以幼虫越冬。药材甲的繁殖最适温度是24℃～30℃，最适相对湿度为30%～100%。在温度22℃和相对湿度70%条件下，完成其生活周期约需80天。翌年4月中旬前后越冬幼虫开始活动，大量进食。4

月中下旬至5月上旬化蛹，后羽化为成虫。成虫善飞，有假死性，耐干力强，喜昏暗的光线，常在黄昏或阴天飞翔，寿命一般为13～85天。成虫从蛹室里钻出来后不久即开始交配，2天后就产卵，常产卵于中药材表面凹褶的部位或碎屑中。产卵期可持续6天，每雌一生能产卵约100粒。在温度22℃和相对湿度70%条件下，卵期为12天。幼虫期约56天，要蜕皮4次。在粉屑中，幼虫常结缀粉屑而形成小团；在薯干及中药材中则蛀食成隧道，随着幼虫的发育，蛀道逐渐扩大，然后在其中化蛹。化蛹前，幼虫先用其唾液和食物碎屑做一蛹室，然后在里面化蛹。发育为成虫之后，还要在蛹室（茧）内停留约1周，然后才破蛹而出。

（四）防治技术

1. 加强检验　从源头上治理，搞好入库前的检验工作，杜绝受害药材入库，减少虫源。

2. 物理防治　采用远红外线辐照杀虫、微波辐照杀虫、低温冷冻等方法杀虫。

3. 加强库房管理　定期检查，贯彻“预防为主、综合防治”的方针，综合应用仓库环境治理，采用物理防治、化学药剂防治、生物防治等方法，在不影响药材品质和消费者健康的前提下，控制该虫的发生和为害。

十一、麦　蛾

麦蛾（*Sitotroga cerealella* Olivier）属鳞翅目（Lepidoptera）麦蛾科（Gelechiidae）昆虫。

(一)分布与危害

该虫是我国三大贮粮害虫(玉米象、谷蠹、麦蛾)之一,目前,发生普遍,为害较为严重,在全国各地均有分布。受害重的稻、麦损失率可达50%～70%。麦蛾以幼虫在粮食内部蛀食为害,造成被害粮粒变空。麦蛾为害对象包括大麦、小麦、大米、稻谷、高粱、玉米、荞麦、燕麦及禾本科杂草种子等,其中又以小麦及稻谷为麦蛾最喜爱食物,因此受害最重,其次为玉米及高粱。此虫不仅可以在仓内繁殖为害,而且也能在田间繁殖为害,是一种严重的初期性贮粮害虫。

(二)形态识别

1. 成虫 淡黄色小蛾,体长4.5～6.5毫米,翅展12～15毫米。头顶具毛丛,复眼黑色,触角长丝状、灰褐色,头顶和颜面密布灰褐色鳞毛。下唇须发达、灰褐色、三节,第三节尖细而向上弯曲并超过头顶。前翅灰白色,似竹叶形,通常有不明显的黑褐色斑纹,后缘毛长、褐色。后翅灰白色,呈菜刀形,顶角尖而突出,后缘毛很长,几乎与翅宽相等。雄蛾比雌蛾小,腹部两侧灰黑色,腹末钝形。雌蛾体较大,腹部较粗,腹末尖形(图4-11)。

2. 卵 扁平椭圆形,长约0.5毫米。一端较细,呈平切状。表面具纵横凹凸纹数条,初产时乳白色,后变淡红色。

3. 幼虫 体长5～8毫米,初孵淡红色,2龄后变浅黄白色。老熟幼虫乳白色,头小、淡黄褐色,口器黑褐色,侧单眼六对。胸部较膨大,腹部各节依次向后逐渐细小,全体光滑,各节略有纵纹,无斑点。胸足3对,极短小,腹足退化成小突起,每足顶端着生1～3个微小的褐色趾钩(图4-11)。雄虫胴部

第八节背面有黑色斑点一对，为其睾丸。

图 4-11 麦蛾

1. 成虫 2. 幼虫

4. 蛹 长 5～6 毫米，黄褐色。前翅狭长形，并伸达第六腹节。各腹节两侧各有一细小瘤状突起。腹部末端圆而小，其背面中央有一深褐色短而直的角刺，其左右两侧各有一个角状突起。

（三）发生规律

麦蛾在南方每年发生 4～6 代，北方发生 2～3 代，气温高的地区最多可发生 12 代。麦蛾以老熟幼虫在粮粒中越冬，翌年在粮粒内化蛹。化蛹前结白色薄茧，蛹期 5 天左右，成虫羽化时把薄膜顶破，钻出谷粒。成虫喜在清晨羽化，羽化后马上交尾。成虫寿命约 13 天。交尾后 24 小时产卵，卵多产在粮堆表层 20 毫米处。成虫也可飞到田间把卵产在玉米粒、麦穗、稻穗上。卵多集产，每雌产卵近 400 粒。孵化的幼虫即钻入粮粒内为害，并可转粒为害。麦蛾发育适宜温度为 21℃～35℃。一般在高温雨季，尤其前一年冬季气候温暖，加上 7～8 月份特别炎热的，麦蛾即有猖獗发生的可能。

(四)防治技术

1. 生态调控　在夏季高温季节晴天时，将小麦摊在场上，摊厚3～5厘米，使晒粮温度达到45℃，每小时翻动一次，保持4～6小时，趁热入仓、密封，可杀死粮食中麦蛾的卵、幼虫和蛹。粮食晒干入库时也可用塑料袋等密封缺氧，使麦蛾窒息死亡。在大型粮仓内利用麦蛾的趋光性，可用黑光灯或使用麦蛾的性诱剂，诱杀成虫，效果也较好。

2. 仓贮环境治理　这是综合防治的基础。应在粮食入仓前彻底清理和清扫空仓，杜绝麦蛾和其他害虫对粮食为害。在粮食入仓后要做好仓房的密闭工作，防止麦蛾成虫飞入仓内交尾产卵，同时也防止麦蛾迁入麦田或粮田。

3. 化学防治　入库后可用磷化铝熏蒸防治。可按每片熏蒸粮食150～200千克的比例，将磷化铝埋在粮垛里，再把粮垛封严。田间防治以杀卵和杀灭初孵幼虫为主，把其消灭在钻蛀之前。具体方法于当地麦蛾产卵盛期至卵孵高峰期，每667平方米喷50%锌硫磷乳油或40%氧化乐果乳油75毫升，或20%速灭杀丁乳油30毫升，对水50升喷雾或对水20升用弥雾机弥雾效果更明显。

十二、印度谷螟

印度谷螟（*Plodia interpunctella* Hubner）属鳞翅目（Lepidoptera）螟蛾科（Pyralididae）昆虫。

(一)分布与危害

该虫在全世界广泛分布，我国各省、自治区均有分布。主要以幼虫为害各种粮食及其制成品、干鲜果、干蔬菜、香料、中药材及烟叶等,是为害极为严重的贮藏害虫。喜食粮食柔软的胚部,影响发芽率。蛀食干果、干菜成孔洞、缺刻,易感染各种真菌;有时喜欢把粮食通过吐丝缀粒成块,使其结块变质。

(二)形态识别

1. 成虫 体长6～9毫米,翅展13～18毫米,身体密布灰褐色至赤褐色鳞片。复眼黑色,两复眼间具一向前方突出的鳞片锥体。前翅长三角形,基部2/5淡黄白色,内横线较宽、不规则,其余部分为红褐色,翅中域暗褐色。后翅灰白色,三角形,半透明,翅脉及翅端域色深。静止时翅紧靠一起。头部有喙,下唇须3节,向前平伸(图4-12)。

2. 卵 椭圆形,黄白色,长0.4毫米,一端具乳头状突起,卵面具细刻纹。经观察卵形状有时会随着环境的变化略有改变。

3. 幼虫 老熟幼虫体长10～13毫米,头部红褐色,胸腹部淡黄绿色。中后胸及第一至第八腹节的刚毛均无毛片。腹足趾钩双序全环。雄虫第五腹节背面有一淡紫色斑。幼虫有的稍带粉红色或淡绿色,观察发现幼虫颜色有时会随着食料的不同而有所变化(图4-12)。

4. 蛹 长5.7～7.2毫米,宽1.6～2.1毫米,细长,赤褐色。喙部伸达第四腹节后缘,后足露出,触角端内弯,腹尾端有尾钩8个。

1　　　　　　2

图 4-12　印度谷螟（仿邓喜望）

1. 成虫　2. 幼虫

(三)发生规律

印度谷螟在我国的仓库或住房内每年发生 4～6 代，我国北方为 3～4 代。它以老熟幼虫在室内阴暗缝隙中或壁角内，如包装、垫仓板、天花板等缝隙环境，越冬但较少在粮食中越冬，如在暖室内可终年繁殖为害，世代非常不整齐。越冬幼虫翌年春暖寻找适合的环境化蛹，蛹期 2～3 周，羽化为成虫后即交尾产卵。成虫多夜出或日间活动于室内黑暗处，可作短距离的飞行，飞行过程中表现为飘忽不定。卵多产于被害物表面或包装物的缝隙中。卵一般散生，亦有十多粒成块，每雌平均可产卵 100 多粒。卵期不定，短的 1 天，长的可达 10 天，一般 2～5 天。初孵幼虫钻入粮堆内为害，温度适宜时，幼虫期 2～3 周，如遇温度及食物条件不利，可延长达两年之久。幼虫老熟后爬到被害物表面或墙缝缝隙处结茧化蛹，蛹期6～21 天，一般完成一个世代需 40～60 天。

(四)防治技术

印度谷螟的防治应根据不同虫期、不同地域、不同贮粮环境，结合习性、仓贮环境治理、化学防治等方法综合防治。

1. 生态调控 在印度谷螟羽化盛期时,选用适当的压盖材料,及时把粮面覆盖,从而防止粮堆内的印度谷螟成虫飞出后交尾产卵,杜绝其后代的产生。粮面压盖应在每年第一代印度谷螟成虫羽化之前的低温季节进行。根据印度谷螟成虫昼伏夜出和对灯光有正趋性的习性,可用波长为 340～360 毫米的农用黑光灯做诱杀光源,来杀灭印度谷螟成虫。

2. 仓贮环境治理 这是综合防治的基础。应在粮食入仓前彻底清理和清扫空仓,墙壁地面做到面面光,杜绝印度谷螟和其他害虫对粮食为害。在粮食入仓后要做好仓房的密闭工作,尤其是每年的 4～10 月份,防止印度谷螟成虫飞入仓内交尾产卵。进入初冬以后,组织人力对房梁、天花板或仓内阴暗避风的壁角缝隙处进行彻底清理,达到消灭印度谷螟越冬幼虫的目的。

3. 化学防治 应根据不同的贮藏条件,采用不同的化学防治方法,合理使用化学药剂,才能收到较好的防治效果。在仓库密闭条件较好的情况下,可采用熏蒸的方法防治印度谷螟,熏蒸剂可以是磷化铝也可以是敌敌畏乳油。用敌敌畏乳油熏蒸是将浸有敌敌畏乳油的布条或棉球,均匀悬挂在预先拉好的绳索上,使其均匀挥发,以达到熏蒸杀灭印度谷螟成虫的目的。露天货场和空仓消毒也可以用 80%敌敌畏乳油加水 20 倍用喷雾器喷洒,然后密闭 72 小时,通风 24 小时,再彻底清扫,达到空仓无虫的目的。

十三、粉斑螟蛾

粉斑螟蛾(*Cadra cautella* Walker)属鳞翅目(Lepidoptera)斑螟科(Phycitinae)害虫,别名粉斑螟、干果斑螟。

(一)分布与危害

该虫呈世界性分布，在国内普遍分布。幼虫主要为害禾谷类、豆类、油籽类、干果、中药材等。常与印度谷螟同时发生，为重要初期性害虫之一。为害情况同印度谷螟。

(二)形态识别

1. 成虫 体长6～7毫米，翅展14～16毫米。头胸部灰黑色，腹部灰白色。复眼黑褐色，表面常有灰白色网状纹。前翅细长、灰黑色，近基部1/3处有一较直宽、无明显弯曲的灰色横纹，其外侧紧连一与之平行的黑色横纹。近端部有一条不明显的小波浪淡色横纹。后翅灰白色。

2. 卵 球形，直径约0.5毫米，乳白色，表面粗糙，有很多微小凹点。

3. 幼虫 老熟幼虫体长12～14毫米，头部赤褐色，颅中沟与额沟长度之比为2∶1。体形中部稍粗，两端稍细。前胸背板、臀板黄褐色。胸、腹部灰白色，各刚毛基部除ε毛外均有黑褐色毛片。第八腹节ε毛与气门的距离显然小于气门直径。雄性幼虫第五腹节背面有1对深棕色的斑即为睾丸，但雌性幼虫体内的1对卵巢从外面却看不见。

4. 蛹 体长约7.5毫米，较粗短，淡黄褐色。复眼、触角和足的末端均为黑褐色。触角末端明显在翅末端的前方。前胸背和颚唇基光滑无皱纹。后足外露部分的长约等于宽。腹末节圆锥形，端部背面着生尾钩6个，排成弧形，当中的4个比较靠近，末端腹两侧还各具尾钩1个。

(三)发生规律

江西省南昌市每年发生 6 代左右。各代成虫发生期分别在 3 月下旬至 5 月中旬,6 月中旬至 7 月上旬,7 月中旬至 8 月上旬,8 月中旬至 9 月上旬,9 月中旬至 10 月上旬,10 月中旬至 11 月中旬。在 20℃时,完成 1 代约需 64 天;25℃时,完成 1 代需 41～45 天。越冬虫态、生活场所及习性均与印度谷螟相似。温度适宜时,各虫态历期大约为:卵 6 天,幼虫 35 天,蛹 7 天,成虫 15 天。

(四)防治技术

1. 生态调控 由于粉斑螟耐低温能力差,在 0℃条件下,经 1 周各虫态全部死亡。因此,可采用低温防治。高温也可杀虫,各虫态中卵对高温最为敏感,蛹最不敏感。仓库密闭条件好的可以充入 CO_2、N_2、沼气等气体或用除氧剂除氧防治。

2. 仓贮环境治理 粉斑螟喜欢昏暗潮湿的环境,仓房的角落和寄主食物碎屑、粉尘都可能是粉斑螟藏匿的场所。因此,在货物入仓前,应把仓房打扫干净,并将空仓连同用具、包装材料等采用熏蒸剂密闭杀虫。晴天应多开窗,以保持仓库内干燥。

3. 化学防治 在仓库密闭条件较好的情况下可以用熏蒸剂杀虫。粉斑螟的天敌较多,主要天敌有黄色花蝽、黄冈花蝽、仓双环猎蝽、麦蛾茧蜂、仓蛾姬蜂、粉螟姬蜂、澳洲赤眼蜂、麦草蒲螨等。因此也可以用简单易得的天敌来防治粉斑螟。

十四、紫斑谷螟

紫斑谷螟(*Pyralis farinalis* Linnaeus)属鳞翅目(Lepidoptera)螟蛾科(Pyralididae)昆虫,别名粉缟螟、大斑粉螟。

(一)分布与危害

该虫呈世界性分布,在国内普遍分布。以幼虫为害粮食及其制品豆类、油料、中药材、干果、干菜、香料、巧克力、茶叶等。喜食腐败植物。该虫是中药材的主要害虫之一。

(二)形态识别

1. 成虫 雌虫体长13～15毫米,翅展约25毫米;雄虫体长7.5～11.5毫米,翅展约17毫米。头及胸部呈深黄绿色,腹部第一、第二节为紫黑色,其余为深黄褐色。复眼黑褐色,表面有灰白色网纹。前翅在内横线及外横线处各有1条白色波状横纹,内横线的内方及外横线外方均为深紫色,两横线之间为淡黄褐色。后翅淡褐色,有白色波状横纹两条(图4-13)。

2. 卵 长0.8～1毫米,扁圆形,中央隆起,淡黄白色。卵壳上有不规则的小刻点。

3. 幼虫 老熟幼虫体长20～25毫米,头部红褐色,前胸背板橙黄色,胸部及腹部2～3节淡灰黑色且多横皱,其余为淡黄白色。头部每侧能见到4个明显的单眼。颅中沟与颚沟长度之比为1.5∶1。气门椭圆形,气门片黑色,后半部比前半部宽2～3倍。第一至第八腹节刚毛基部无毛片。腹足趾钩双序全环,长趾钩为短趾钩的3～4倍(图4-13)。

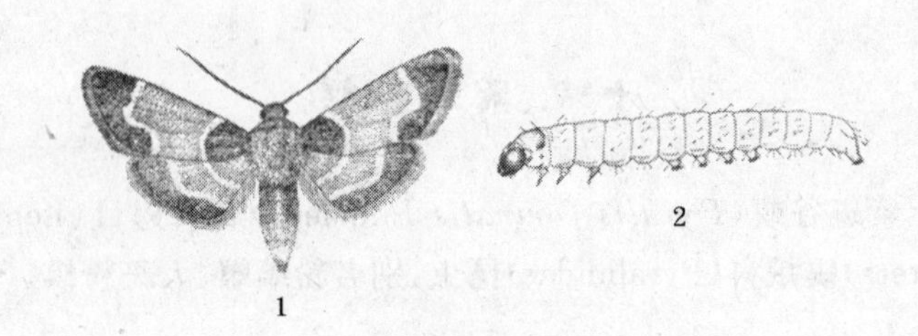

图 4-13 紫斑谷螟 （仿邓喜望）

1. 成虫 2. 幼虫

4. 蛹 长 8.5～12 毫米。近羽化时复眼部分黑褐色，腹面的翅、足暗黄褐色，其余部分暗红褐色。后足及翅伸达第四腹节后缘。腹部后节尖端呈扁平半球形，黑褐色。腹面近中央横列尾钩 4 个，背面两侧各有尾钩 1 个。全体除翅、足外，均密生小刻点。

(三)发生规律

每年发生 1～2 代。夏季每完成 1 代需 5～6 周。以幼虫在仓内各种缝隙及地板、砖石、泥土下做强韧薄茧越冬。越冬幼虫翌年 5 月份开始化蛹，成虫于 6～10 月份相继出现。卵散产或集中产于贮藏物或包装物缝隙中。产卵期 1～10 日。每头雌虫可产卵 40～582 粒。在温度 24℃～27℃、相对湿度 89%～100%条件下，卵期 5～7 天，幼虫期 25～60 天，蛹期 7～11 天，成虫寿命 7～9 天，完成一代需 41～75 天。初孵幼虫即可取食，若一天之内得不到食物即死亡；幼虫有群集性，喜食潮湿腐败食物；3 龄后吐丝缀食物或碎屑做成坚韧管状巢潜伏其中为害，老熟幼虫离开巢爬到房柱、墙壁、包装品等各种缝隙中作茧化蛹。

（四）防治技术

在粮食入仓前彻底清理和清扫空仓，刮除虫茧、堵缝隙。并将空仓连同用具、包装材料等采用熏蒸剂密闭杀虫。如果在粮食入仓后发现虫害，在仓库密闭条件较好的情况下可以用熏蒸剂杀虫。紫斑谷螟喜欢昏暗潮湿的环境，所以要保持粮食干燥，同时在贮藏期间要预防成虫飞入感染。

十五、啮虫类

啮虫类一般指书虱、窃虫等害虫，发生在仓库、室内，为体形小而无翅的种类，在图书、档案、纸张中是很常见的害虫。由于啮虫的食性杂，所以也为害粮食、干果、中药材、烟草及生物标本；特别是在杂质多、含水量高的谷物中密度大，而且其抗药性强，因而成为粮食贮藏中一个突出的问题。我国普遍发生的主要是嗜卷书虱，这里作详细介绍。其他啮虫类害虫的防治方法和嗜卷书虱基本相同。

（一）分布与危害

世界上分布于欧洲、非洲和亚洲。在国内分布于河南、上海、浙江、江西、湖北、四川、湖南、广东等省、直辖市。为害书籍、档案、纸张、禾谷类及其加工品，油料、动物标本、茶叶、生药材及衣物等。嗜卷书虱主要啮食物品中的粉屑、真菌及淀粉等。

（二）形态识别

此虫营孤雌生殖、无雄虫。

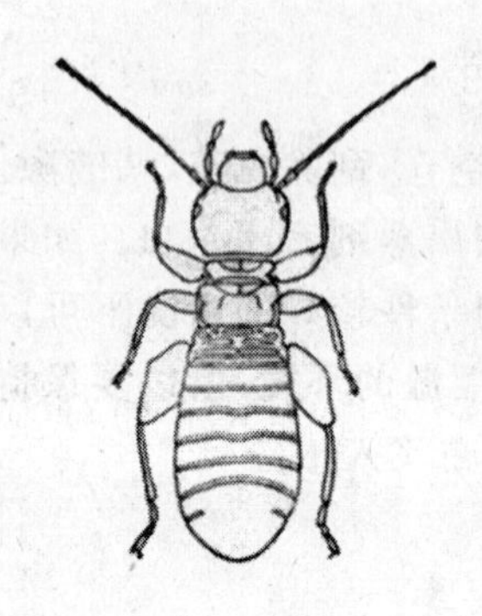

图 4-14　嗜卷书虱成虫
（仿邓喜望）

1. 成虫　体长 0.955～1.081 毫米，身体半透明，背面褐色，无光泽。腹部褐色，头部稍带红色，头、胸部和腹面散生红粒。头、胸、腹的背面密布微小突起，头和腹部的腹面无突起，但有不明显隆起的脊。头部均匀地散生细小刚毛 5 根。复眼由 7 个黑色小单眼组成。前胸每侧有肩刚毛 1 根。中后胸腹片近前缘有刚毛 6～9 根，排成 1 列（图 4-14）。

2. 卵　极小，长椭圆形，灰白色略有光泽。卵壳表面有黏液，并常附有粉屑、尘芥。

3. 若虫　初孵时白色，逐渐变为半透明。头淡褐色，复眼红色，腹部 11 节。

（三）发生规律

在四川省 1 年发生 3～6 代，以卵越冬。雌虫每次产卵 1～4 粒，一生产卵 24～136 粒，最高可达 212 粒。卵散产或集产，集产时多呈块状产于碎屑尘芥中。当温度 25℃，相对湿度 76%时，卵期 11 天。若虫蜕皮 4 次，若虫期为 15～18 天。成虫寿命平均 175 天，最高可达 330 天。成虫和若虫性活泼，行动敏捷迅速，喜在高温环境中生活，在书籍纸张中常是群集发生。

（四）防治技术

1. 生态调控　利用嗜卷书虱的食性爱好，用洋槐豆粗粉和糙米为诱饵或以小麦胚、麦粉、酵母粉和脱脂奶粉，按重量5∶5∶5∶1配制，并加适量蜂蜜诱集。仓库密闭条件好的可以充入CO_2、N_2、沼气等气体或用除氧剂除氧防治。

2. 仓贮环境治理 嗜卷书虱喜欢潮湿的环境，因此保持谷物及环境的干燥非常重要。所以要严格控制入库粮食含水量及杂质，保持仓库的通风和干燥。

3. 化学防治 植物精油对书虱有明显的驱避作用，如山苍子芳香油、柏木油、红橘油等。薄荷精油熏蒸书虱的死亡率可达100%。书虱对某些有机磷化合物（如杀螟松）较为敏感，可采用70%杀螟松表层拌粮防治。采用甲氧保幼素47.5～190毫克/千克处理粮食，书虱后代成虫数量减少98%。熏蒸时，各熏蒸剂之间或与CO_2混合熏蒸能提高杀书虱的效率。磷化铝5～6克/米^{3}与CO_2按1∶25比例混合熏蒸；或磷化铝2～3克/米^{3}施入粮堆1米深处，敌敌畏1～2克/米^{3}施于粮面，混合熏蒸。

十六、粉螨类

粉螨类害虫一般都很小，大多呈乳白色，有些种类足和口器颜色较深。体毛不密，根据种类不同，有的很短，有些则非常长。粉螨类害虫以螯肢啮食其嗜食物品，一般在温暖潮湿的场所不断生长繁殖。这里只详细介绍腐食酪螨（*Tyrophagus putrescentiae* Schrank），其他粉螨类害虫的防治方法和腐食酪螨基本相同。

（一）分布与危害

腐食酪螨属蛛形纲（Arachnoida），蜱螨亚纲（Acari）无气门目(Astigmata)粉螨科(Acaridae)害虫,别名卡氏长螨。呈世界性分布,在国内普遍分布。为害含脂肪及蛋白质较高的食品,如花生、油料、干肉、豆类、干鱼、奶粉等;也可为害面粉、米糠、小麦、大米、小米、稻谷、砂糖、干果等;还可取食真菌,所以其食性非常杂,为害面很广。既可为害种子影响发芽率,也能为害贮藏物使其产生恶臭,人体接触后还易发生皮炎。该螨对粉屑和整粒粮食都能为害,蛀食胚部或由伤口侵入粮粒内,使粒内形成许多不规则的蛀道,被害粮粒往往发霉变质。

(二)形态识别

1. 成螨 体长 0.3～0.42 毫米。体卵圆形,乳白色,半透明,体表光滑,足 4 对。螯肢(取食器官)钳状,较小,螯肢的定趾和动趾上各有钳齿 4 个。体上有很多光滑的长刚毛,体背生一横沟,两侧具侧腹腺,足短而粗。雌螨体形、刚毛长短及排列与雄螨相似,但个体较雄螨大。

2. 卵 长为 0.09～0.12 毫米,长椭圆形,乳白色。

3. 幼螨 乳白色体似成螨,长约 0.15 毫米,有 3 对足。

4. 若螨 4 对足,体乳白色,第一若螨长 0.22 毫米,第二若螨长 0.35 毫米。

(三)发生规律

腐食酪螨喜温暖潮湿。在我国,螨类一年中的盛发期在梅雨季节。发育适宜温度为 20℃～25℃,相对湿度 85%～95%。在低水分的粮食内和干燥的环境中很少发生,如粮食含水量如果在 12%以下,螨即不能繁殖。自然条件下,主要以成螨和休眠体(第二若螨)在碎屑、仓脚下及粮食表面越冬。但如果环境条件适宜,腐食酪螨一年四季均可生长发育和繁殖。在25℃，相对湿度90%条件下，从卵发育到成螨约需12.2天。雌螨寿命28.6天左右，每雌产卵量超过300粒。

（四）防治技术

1. 生态调控 利用腐食酪螨趋黑的习性，可用黑膜诱集，然后用开水烫死。一般螨类的卵、幼螨、若螨、成螨在湿热条件下，温度55℃时经5小时，60℃经3小时就会全部死亡。当温度降至4℃以下时，经10～15天成螨可全部死亡。仓库密闭条件较好的可以通入CO_2或降低O_2的浓度，使其窒息而死。

2. 仓贮环境治理 腐食酪螨喜温暖潮湿的环境，因此要保持谷物及环境的干燥。所以要严格控制入库粮食含水量及杂质，保持仓库通风和干燥。腐食酪螨的食性比较杂，所以在货物入仓前应把仓房打扫干净，彻底铲除其孳生源。

3. 化学防治 敌敌畏对腐食酪螨具有良好的拒避作用，可在粮堆旁间距70～80厘米放一个含有50%敌敌畏的棉球。也可用磷化铝片剂熏蒸。熏蒸时，各熏蒸剂混合使用或与CO_2混合熏蒸能提高杀螨的效率。在天敌防治方面，可以用阳单梳螨、普通肉食螨、马六甲肉食螨等肉食螨捕食腐食酪螨。

第五章　粮食与种子贮藏期的微生物及啮齿动物

一、粮食与种子贮藏期的微生物

粮食微生物是指寄附在粮粒和粮食制品表面和内部的微生物，它们的存在及其生命活动是影响粮食和种子安全贮藏的重要因素，主要包括细菌、真菌等。在适当的环境条件下，粮食微生物会大量生长繁殖，使粮粒内部有机物霉腐、变质，导致粮食和种子发热、变色、变味，从而致使粮粒品质和生活力下降，严重时甚至会完全失去利用价值。这些微生物中的有些种类还可产生具有强烈毒性和致癌性的毒素，人畜食用后可造成躯体的不适和病变，严重时会危及生命。

（一）常见微生物种类及其活动规律

不同种类的微生物对粮食的影响是不一样的。根据粮食微生物寄附性质的不同，通常将其分为三类：导致粮食和粮食制品霉变的霉腐微生物；引起动、植物病害的病原微生物；附生在粮食上的附生微生物。

粮食微生物中的大部分是附生在粮食和种子表面的。主要包括真菌、细菌、放线菌和酵母菌等，其中以真菌的危害性最大。

1. 真菌　在粮食和种子的贮存过程中，与其品质直接相关联的是真菌和酵母菌。凡能引起粮食和种子有机物霉腐变质的真菌，通常称之为霉菌。霉菌是丝状菌，用孢子繁殖。据统计，全世界平均每年由于霉变而不能食(饲)用的谷物约占总数的 2%，在粮食上分离出来的霉菌大约有 200 种，其中曲霉属 26 种，青霉属 67 种，毛霉属 30 种，毛壳菌属和丝梗孢属有 15 种。危害最严重的有曲霉属、青霉属和镰刀菌属。

(1)曲霉菌　曲霉菌种类多，分布广，是贮存中最主要的危害菌，主要有灰绿曲霉、白曲霉、黄曲霉和黑曲霉等。大多数曲霉属于中温性，对水分的要求为干生性或接近于干生性，孢子萌发的最低相对湿度一般在 85%以下，属好氧菌，但少数能耐低氧。曲霉在粮食和种子上的菌落呈绒状，初为白色或灰白色，后因种类不同，逐渐老熟转变为乳白、黄绿、灰绿和黑色等粉状霉。

(2)青霉属　青霉菌也是自然界广泛存在的一类真菌，在贮存中经常可分离到，在贮藏时间较长或贮藏温度较低、水分较多的粮食和种子中青霉的存在比例较高。青霉属主要有桔青霉、产黄青霉、草酸青霉和圆弧青霉等。青霉适宜生长所需的粮食和种子水分为 15%～20%，适宜温度 20℃～25℃。但温度高达 38℃，低至 7℃时也能生长。此类霉菌在粮食和种子上生长时，先从粮粒胚部侵入，或在粮食和种子破损处开始生长，初长为白色斑点，后逐渐丛生为绒絮状白色菌丝，最后产生青绿色孢子，并有特殊霉味产生。有些青霉菌在适宜条件下能产生出对人畜有害毒素——青霉毒素。

(3)镰刀菌属　镰刀菌为中生性，生长适宜温度为 25℃，孢子萌发的最低相对湿度为 75%。镰刀菌是低温条件下，导致高水分粮食和种子发生霉变的重要霉菌之一。菌落初呈白色、棉絮状，发育后期渐变为粉红色或砖红色。

(4)酵母菌　粮食和种子酵母菌数量很少，通常对粮食和种子品质无明显影响。在粮食和种子水分高，以及在适合各种霉菌孳生的条件下，才对粮食和种子有进一步的腐解作用。

2. 细菌　粮食和种子上的细菌以球菌和杆菌为主，多数附生，需要在高水分条件下才能生长。在新鲜粮食和种子上的数量占粮食和种子微生物总量的 80%～90%，但随着贮藏时间的延长、霉菌数量的增加，其数量逐渐减少，一般对粮食和种子贮藏无明显为害作用。

(二)粮食和种子微生物的防治

1. 提高入库粮食质量　在入库贮存或者留种时选用完整、无病虫害、纯净的粮粒，粮粒质量要达到“干、饱、净”。此外还要控制入库粮粒的水分含量，谷类粮食水分应在 15%以下，豆类水分在 14%以下，油类水分在 10%以下。

2. 生态调控　对粮粒进行干燥处理，降低粮食和种子水分，使贮藏仓内相对湿度保持在 70%以下。粮户可在粮粒入库前进行日光暴晒，如遇阴雨天气可利用鼓风机等设备对粮堆进行通风干燥，使粮粒水分降到安全水分以下。气温 30℃时小麦安全水分为 12.5%，稻谷为 13.5%，玉米为 13.5%。为防止粮食和种子吸湿回潮，贮藏时严格保持干燥密闭的环境，可在粮仓外加套塑料薄膜防潮，也可使用适量生石灰、氯化钙等干燥剂防潮。

3. 低温控制　低温防治技术有两种途径：一是利用自然低温或者冷风降温，将粮食和种子在仓外薄摊冷冻，而后隔热密闭保管。二是人工制冷，仓内机械通冷风或机械制冷进行低温冷冻贮藏。

4. 气调　实现气调的方法是利用薄膜真空包装、填充二氧化碳或氮气。一般在小包装商品化粮食和种子或选育出的贵重粮食和种子上应用。主要方法有生物脱氧和机械脱氧，将粮堆氧气浓度保持在2%以下，也可增加仓内的二氧化碳的含量至40%以上。

5. 化学熏蒸 常用熏蒸剂是磷化氢，具有一定的熏蒸杀虫功能，也具有较强的杀菌力。在熏蒸操作过程中，必须采取一定的防护措施。由于化学药剂对粮食品质及种子生活力有一定的影响，此方法一般不宜多次重复使用。

二、贮粮中的害鼠

啮齿动物这个名词源自拉丁语"咬东西"，意思是咬东西的动物，它们是农、林、牧等的重要有害生物。在贮粮中，与人类关系最密切的啮齿动物是鼠类。老鼠对贮粮的为害主要体现在以下几个方面：

①吃掉大量粮食：我国每年被其损坏的粮食近1 000万吨。

②破坏性强：老鼠对仓房、贮粮装具、衣服等都有一定的破坏作用。

③污染贮粮：鼠毛和鼠尿、鼠粪等排泄物等严重污染贮粮，降低贮粮的商品价值。

(一)我国主要害鼠

我国害鼠有80余种，其中在贮粮方面为害重的害鼠有褐家鼠(*Rattus norvegicus*)、小家鼠(*Musm musculus*)、黄胸鼠(*Rattus flavipectus*)、黑家鼠(*Rattus rattus*)等。

1. 褐家鼠 又名大家鼠、大耗子，是最常见的和为害最大的一种家鼠。

(1)分布情况　褐家鼠为热带潮湿型鼠类，在我国分布很广，除西藏自治区外，在全国各地都有分布。

图 5-1　褐家鼠

(2)形态特征　体形粗大，体长 180～250 毫米，耳短而厚，向前折时不遮盖眼睛。后足粗大。尾短于体长，尾上鳞环比较清楚，鳞环间有短稀的刚毛(图 5-1)。雌鼠乳头 6 对。体色随栖息地不同而略有差异，一般全身褐色或棕褐色，腹毛灰白色，与体侧毛色有明显的分界。

(3)生活习性　家、野两栖鼠种，以室内为主，喜筑巢于食物充足、靠近水源、低洼阴暗的地方，如沟渠中、地板下及垃圾堆里。褐家鼠性情凶暴，饥饿时同类会自相残杀，也会因争食和求偶而打斗。具有迁移习性，会随鼠类数目和食物变化在室内与农田之间往返迁移。褐家鼠以夜间活动为主，16～20 时与黎明前为活动高峰期。繁殖力强，孕期约 3 周，在条件适宜时，一年有 4～8 窝，每窝产仔 7～10 只幼鼠，幼鼠当年发育成熟，即可交配繁殖。平均寿命为 1.5～2 年。

2. 小家鼠　也叫朗鼠、米鼠、小耗子等。

(1)分布情况　小家鼠分布很广，遍及全国，是一种家栖鼠中的优势鼠种。

(2)形态特征　小型鼠，体长 60～90 毫米。头较小，耳厚而大，圆形，向前折不能达到眼部。上颌门齿后缘从侧面看有一极显著的月形缺刻，为其主要特征。后足较短。尾长不等，与体长相当或略短于体长。毛色随季节与栖息环境而异，一般背毛呈现黑灰色和棕褐色，腹面毛白色或土黄色。尾毛两色，背面较深，腹面稍浅。

(3)**生活习性**　家野两栖。在居民点内，喜栖居于仓库、打谷场及居民点附近的谷草堆和柴草堆里。存在季节性迁移现象，一般冬季多居于室内，夏天多迁于田野。以夜间活动为主，从粮仓的空隙和粮囤底部偷取粮食，尤其在晨昏活动最频繁，形成两个明显的活动高峰。其食性杂，食量小，主要以粮食为主，有时也吃少量草籽及昆虫。繁殖力很强，孕期 20 天左右，一年四季都能繁殖，以春、秋两季繁殖率较高。在北方平均年产 2～4 窝，南方可达 5～7 窝，每窝一般产 4～7 只。初生鼠于当年可达到性成熟并参与繁殖，成鼠能独居。

3. 黄胸鼠　又名黄腹鼠、长尾鼠、屋上鼠。

(1)**分布情况**　黄胸鼠分布较广泛，在山东、河南、陕西、湖北以及华南、西南各省、自治区均有分布。

(2)**形态特征**　体形比褐家鼠略小，体长一般 130～150 毫米。头骨呈弧形向两侧凸。耳大而薄，向前拉能盖到眼睛。前足背面有一褐色斑块。尾长一般超过体长(图 5-2)。体背毛棕褐色，较粗，杂有黑色长毛，尤其在背中部及背后部较多。腹面毛灰白至污黄，尾黑褐色，尾毛稀，鳞片发达成环状。雌鼠乳头 2—3 式，即胸部 2 对，腹部 3 对。

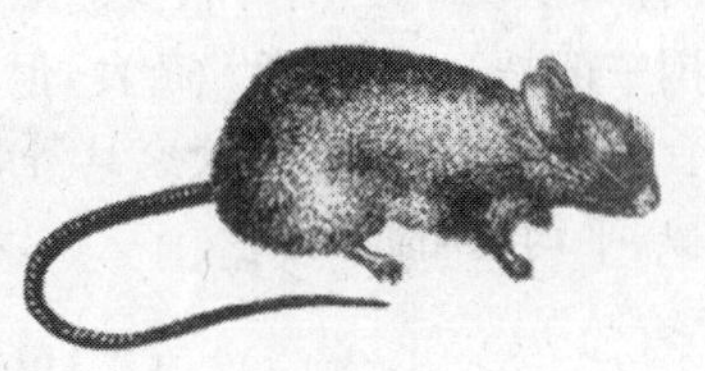

图 5-2　黄胸鼠

(3)**生活习性**　家栖主要害鼠之一，多栖息在建筑物的上面，如天花板、瓦楞和草房顶。多在夜间活动，黄昏后与黎明前为其活动高峰期。一般夜里 9 时出洞，11 时左右回洞，到了凌晨1时再出来，3时左右再回洞。喜食植物性食料和含水分较多的食物，且随春、秋两季作物的生长做季节性迁移。黄胸鼠孕期与哺乳期与褐家鼠相近，一年四季都繁殖，春、秋季为盛期。每年3～4胎，每胎2～17只，常为5～7只。仔鼠3个月以后便可繁殖，其寿命可超过3年。

4. 黑家鼠 也叫家鼠、白腹鼠。

(1)分布情况　原产于欧洲，在我国主要分布在南方地区，北方较少见。

(2)形态特征　体型中等，体长160～195毫米。头尖、耳大而薄，无耳毛，前翻可遮住眼睛。尾细长，明显超过体长，尾毛稀疏，鳞环清晰，尾基部长有极稀疏的小毛。体色有黑色型和褐色型，黑色型背部毛近全黑，腹毛略淡，多分布在东南沿海；褐色型背部毛色棕褐，腹毛淡黄或牙白。雌鼠乳头5对。

(3)生活习性　为典型的家栖鼠，常栖息在住房、畜禽舍、阴沟、屋顶等处，野外很少。黑家鼠以夜间活动为主，活动范围一般是30～50米。杂食，但以植物性食物为主，在家中盗食粮食等食物，也啃咬家具等物。黑家鼠每胎产2～5只幼鼠，平均每胎3只。

(二)鼠类特点

鼠类虽然种类繁多，生活场所条件也相差很大，但总的来说它们之间还是存在很多相同的习性特点，主要有以下几点：

1. 食性较杂 鼠类食性非常广泛，人类吃的一切食物，它们都能吃，而人类不能吃的，如肥皂、粪便等，它们也吃。因此粮仓内贮藏的各种粮食种子和油料，均是它们的取食对象。

2. 寿命短，繁殖力强 鼠的平均寿命都很短，但幼鼠成熟很快，所以鼠性成熟早，出生后2～3个月便可交配繁殖。

妊娠期短，仅为18～28天，繁殖周期也快，产后1周内可交配怀孕。褐家鼠甚至产仔后48小时之内即可再次交配，这样雌鼠几乎可以连续生育。

3. 性情狡猾、机警 老鼠听觉、触觉非常灵敏，环境中微小动静都能感觉到。它们一般喜欢夜间活动，而且总是沿墙根、床头等一定的固定路线活动。此外，老鼠生性狡猾多疑，一旦周围有什么动静，马上会引起警觉，尤其是遇到一种新食物，它们会回避观察，试探多次，确认没有危险，才会去接触。

4. 能爬善跳，掘洞能力强 老鼠善于攀爬，不仅能从砖墙上垂直爬行，还能在直径几厘米的垂直管道外爬行。老鼠的跳跃能力也很强，成年大家鼠从静止状态下可跳起1米，从15米的高台上跳下也会安然无恙。老鼠的掘洞能力也很强，掘洞可达1.5米。且往往留有多个洞口。

5. 不耐饥渴 老鼠的耐饥渴能力一般很差，尤其是其取食比较干燥的食物时，会每天出来补充水分，因此老鼠的洞一般会建在比较容易寻找水源的地方，而且会不定时外出补充水分，这也为我们捕杀老鼠提供了条件。

（三）鼠害防治

要搞好农家贮粮，必须做好防鼠灭鼠工作，可从以下几个方面入手来防治老鼠：

1. 搞好清洁卫生，堵鼠洞，断鼠路 清洁卫生是预防鼠害的基础。农家贮粮，必须搞好清洁卫生，清除仓房周围的杂草和垃圾，疏通阴沟，把所有粮食都封存好。一旦在仓内和仓房周围发现，及时堵塞鼠洞。此外，关紧门窗，或在仓门门槛上设置防鼠板，断绝老鼠由仓库的门和窗窜入为害。

2. 器械捕鼠 器械捕鼠历史悠久，应用的方式较多，最常用是捕鼠夹。除了选择好在鼠夹上放置的引诱食物外，应适应时令，夏季用水果类，冬季使用油煎的香饵料较好。使用前最好掌握好鼠迹和活动规律，一般放置在鼠巢与食物、水源之间，或者边角、夹缝等老鼠经常行走的路线上，这样捕鼠效果会更好。也可选择鼠笼捕鼠，或买一些市售粘鼠胶，随用随涂，放置于老鼠经常活动的地方。除了以上这几种传统捕鼠器材，目前市面上还有一种电子捕鼠器，它利用电对有机生物体的强破坏杀伤作用设计而成，无毒无污染，操作也很简单。

3. 药剂杀鼠 药剂灭鼠法又称化学灭鼠法，是应用最广、效果最好的一种灭鼠方法。药物灭鼠又可分为肠毒物灭鼠和熏蒸灭鼠。

由于老鼠的嗅觉和味觉都很灵敏，故胃肠道灭鼠药必须对鼠有较好的适口性，不会引起拒食，毒力适当，以它为主制成各种毒饵、毒水、毒粉、毒胶、毒沫等。目前常用的有安妥、杀鼠灵、杀鼠隆、溴敌隆、大隆等。使用时按照使用说明拌毒饵，佩戴乳胶手套，拌药时也要选择通风的地方。熏蒸灭鼠一般使用磷化铝、氯化苦，用于仓库、轮船熏蒸灭鼠。

4. 利用鼠类天敌防鼠 猛禽类、小型猫科动物和鼬科动物，如猫、黄鼠狼、猫头鹰、雕鹰等是老鼠最重要的天敌类群，保护和饲养这些天敌，也可以减轻老鼠为害。

5. 修建露天防鼠台或推广使用“丰产仓” 露天防鼠台是将露天台脚加固，设置障碍，以阻止鼠类爬上粮仓。有条件的农户可以选用“丰产仓”贮粮。该仓具呈圆柱形，为铝合金材料所制，粮食入仓 1 周后，等粮温与室内温度接近时方可盖上盖子，然后用透明胶带密闭即可，可以显著减轻鼠害造成的损失。

第六章　粮食与种子贮藏期有害生物的调查

贮粮害虫是造成粮食收获后损失的重要原因之一，据不完全统计，每年全世界粮食因贮粮害虫造成的损失约占其总贮存量的5%。因此，如何早期发现害虫、准确定位害虫已成为安全贮粮工作的一项重要内容。同时，害虫的实时检测也是害虫综合防治体系的重要组成部分之一，只有准确地检测到贮粮害虫，及时掌握贮藏物中害虫的种类、数量、分布情况以及为害状况，才能预测害虫的发展趋势，做到有针对性地防治，为害虫防治决策提供科学依据，把害虫种群控制在经济损害允许水平以下，既不会因贮藏物害虫为害造成很大损失，也不会因盲目防治造成浪费，减小了对粮食和环境的污染。

有害生物的调查方法主要可以分为识别法、声学法、红外线法、陷阱法、计算机图像捕捉法等，每种方法都有其各自的优缺点，有些方法还处在实验阶段，技术尚不成熟，下面就常用的几种害虫检查方法作一下介绍。

一、直观检查法

直观检查法是指用感官现场检查害虫，是一种最直观、简便但很粗放的方法。主要检查仓库仓壁、粮堆表面、天花板等处是否有害虫活动。

检查时，主要观察重点部位，尤其是粮粒温度比较高的部位，有无害虫飞舞爬行，观察种子外表有无虫粪、蛀孔以及是否附着有虫卵、虫茧，有无虫蚀粮粒及粮食粉末，有无害虫尸体、蜕皮、虫粪等，必要时还可以敲打粮面，搅动粮堆，观察有无蛾类害虫飞翔。

除了直接观察害虫的踪迹外，还可以利用天敌的有无和繁衍状况间接判断粮粒内贮粮害虫的发生情况。因为在自然情况下，害虫发生为害时，天敌也常常伴随发生，因此可以作为一种指示动物而加以应用。如麦蛾柔茧蜂（也即麦蛾茧蜂）主要寄生印度谷螟等蛾类害虫，米象金小蜂主要寄生象虫类害虫。在仓库中发现这些天敌的话，可以判断其相对应害虫的存在和为害。因此，在实际检查时我们不能忽视对粮堆表面、周围、窗台等处天敌踪迹的观察。

在具备简单、直观等优点的同时，直观检查法也存在很大局限性，它很难准确地判定害虫的种类、密度等，而且检查人员的技术水平（如识别害虫种类的能力）限制可能会影响检查结果的准确性，甚至会提供错误的信息，因此在实际运用中仅仅只能作为一种初步的检查方法，作为一种辅助的检查手段来应用。

二、取样检查法

取样检查法是通过扦取一定量的粮食样品，统计样品中害虫的种类和数量，从而推断整个仓贮环境中害虫发生情况的一种方法。该方法受环境因素影响小，而且可以准确判定害虫的密度，因此是一种较准确和客观的检查方法，是目前我国粮食仓贮部门规定使用的标准检查方法。通常包括样品扦取和害虫检查两个方面：

(一)样品扦取

依粮食堆放的情况和存放环境的差异,取样方法也不尽相同,常见的取样方法主要有以下几种:

1. 散装粮堆取样 对于平房仓、圆仓和囤垛,取样点的数目设置可遵循以下取样原则:粮堆面积在 100 平方米以内的,设 5 个取样点;面积在 101~500 平方米的,设 10 个取样点;面积在 500 平方米以上的,设 15 个取样点。除了考虑取样点数目,还应充分考虑害虫的习性、发育阶段和季节性消长等情况。采取定点样和在易发生虫害部位取样相结合的方法取样。上层取样可以直接用手或铲,中下层则可以使用扦样器或深层取样器,每一样点样品所取量一般不少于 1 千克。

2. 包装粮堆取样 对于包装粮堆,要分层设点取样;500 包以下的,取 10 包样;500 包以上的,按总数的 2%取样;堆垛外层可适当多设置一些取样点。取样时取样器凹槽向下,自粮包的一角插入至相对的另一角取样,完全插入后,将凹槽转向上方,然后抽出。对于大颗粒样品,如花生、薯干等,则不宜采用这种方法,应该拆开包装取样,每包的取样的数量不少于 1 千克。

3. 空仓、器材和器具取样 未装粮的空仓,一般是在仓库四周和四角任选 10 个点取样。麻袋、席子、篷布和其他器材,只要是接触过虫粮的,都要按 2%~5%的比例对其取样检查。

(二)害虫检查

1. 外部害虫的检查 对于粮粒外部害虫,一般采用过筛检验的方法检查。根据扦取的粮食样品以及害虫个体大小情况，选择合适孔径的筛子，将样品倒入筛子中，双手紧握筛壁，来回做螺旋状运动 3～4 分钟，然后检查筛子底下的害虫，分类并计数。对于空仓或加工厂的害虫，可以在地上铺上白纸，敲打或抖动包装器材，观察有无害虫被震落，也可收集震落物过筛。

2. 隐蔽害虫的检测 若害虫为蛀食性害虫，则多隐藏在粮粒或寄主内部，无法用过筛检查，应该采用以下一些特殊的方法检查：

(1)剖粒法 将选取的代表性样品(大豆、玉米等大粒粮食可选取 10 克，小麦、稻谷等取 5 克)，逐一剖开，观察有无害虫并计数，计算每千克粮食内害虫的数目。

(2)染色法 蛀食性害虫在产卵或蛀入时，会在粮粒表面留下痕迹，这些痕迹可以在某些溶液中显示颜色，染色法就是依据这个来检查有无害虫为害。常用的染色液有 1%高锰酸钾溶液，1%碘化钾溶液，酸性品红溶液等。染色一定时间后，用清水洗净，在放大镜下挑取有斑点的粮粒剖粒检查即可。

(3)比重法 虫蚀粮粒会损失掉一部分物质，因此密度会比正常粮粒减少，比重法正是依据这个原理检查害虫。一般禾谷类种子，如小麦、稻谷、玉米等可以采用氯化钠溶液或 2%硝酸铁溶液处理，豆类粮食可以采用饱和氯化钠溶液检查。将样品浸入，搅动 10 多分钟，挑取上浮粮粒，剖开检查。

三、诱集检查法

利用害虫本身的某些行为或习性，将其诱集到一个小范围内进行检查，这就是诱集检查法。通常会采用一些特殊的诱捕装置，使诱捕到的害虫无法逃逸；有时候还会与害虫引诱剂结合使用，以提高诱捕效率，还能诱杀部分害虫，降低害虫数量。

(一)诱捕器诱集

利用粮堆内害虫的随机运动或钻孔习性使其进入诱捕器内，可以提供害虫种类、虫口密度、感染源等重要信息。依据放置部位和诱集方式不同，可大致分为粮堆诱捕器和表面及空间诱捕器两大类，从结构和形状上可分为木盒诱捕器(两个木盒铰链在一起，中间留狭窄缝隙，内装食物)、管状诱捕器(指形管，外缠绕筛网或糙纸)、探管诱捕器(20 厘米左右长金属管或塑料管，管壁开口)、瓦楞纸诱捕器(厚瓦楞皱纹纸折叠成多层方块，底层开圆孔以放置诱饵或集虫杯)、诱虫袋(具小网眼的塑料网袋，内置诱饵)、黏胶诱捕器(黏性材料和信息素或引诱剂结合使用的诱捕器)。

除了以上这些构造比较简单的诱捕器，还有一些复杂的诱捕器目前也已经得到商品化应用。如陕西省科技人员开发的 GJ89A 型、GJ89B 型、GJ89C 型粮虫陷阱检测器及 GJ94 型无杂质粮虫陷阱检测器，已在全国 10 多个省、直辖市、粮食检疫及种子部门推广应用。XS-C1 型粮仓害虫检测系统在贮粮管理中也具有很高的实用价值。

诱捕器可以连续工作，而且便于计算害虫的数量，不仅可捕获粮堆内多种成虫，还可捕获幼虫。但该方法对一些活动能力较弱的害虫效果较差，当环境条件不适宜害虫活动时，诱集效果也会受影响。

(二)光电诱捕

不同虫种间趋光强度不同，所趋向的光的波长也不同，光电诱捕是利用粮虫的趋光特性进行诱捕，常用的诱捕器有紫外光诱捕器和黑光灯诱捕器。我国主要用 25 瓦黑光灯诱捕谷蠹成虫。

光电诱捕方法只能诱捕蛾类等趋光性粮虫，对避光性粮虫无效，而且受环境影响较大，检测结果不稳定。

(三)习性诱集

很多害虫都有上爬、群集等习性，可以因地制宜利用这些习性加以诱集。如米象、玉米象等害虫具有上爬习性，因此我们可以用秸秆、丝瓜瓤等在粮堆表面架起大约 30 厘米高的锥形堆，吸引其上爬。甘薯丝、米糠等对很多害虫都有引诱作用，因此可以将其装入塑料网袋或有孔隙的竹筒埋入粮堆，诱集喜食这些食物的害虫。有些害虫，如赤拟谷盗等具有群集生活习性，我们可以在墙角处放置一些旧麻袋或者破麻袋加以诱集。

(四)信息素诱捕

信息素和引诱剂是当前研究的热点之一，国外已有一些产品进入商业化应用，在我国起步较晚，当前多数还处于室内研究阶段。目前已能够人工合成印度谷螟、谷斑皮蠹、锯谷盗、米象、玉米象、谷蠹、赤拟谷盗等十几种主要仓贮害虫的信息素，而偏重于鳞翅目、鞘翅目仓贮害虫的诱捕器也已经投入使用，如美国加州 TRECE INC 生产的适用于印度谷螟、粉斑螟的 STORGRD 系列仓库害虫监测诱捕器，日本富士香精香料公司生产的可有效诱集烟草甲、印度谷螟、粉斑螟的黏胶诱捕器。

由于贮粮中害虫的种类复杂，害虫信息素专一性强，提取和合成存在一定的困难,因此限制了信息素和引诱剂的实际应用。不过,随着投入的加大和研究的深入,这些困难必将被克服,信息素诱捕法也将得到更为广泛的应用。

(五)食物引诱剂诱捕

利用食物或食物气味来引诱粮虫,既是一种古老的方法,也是一种很有效的诱集方法,甚至可引诱活泼的、能爬行的幼虫。可以把引诱性食物装入开有小孔的塑料编织袋或其他容器中,然后埋入粮堆内或放置墙角等位置引诱粮虫进入,放置一定时间后取出,筛出虫子鉴定计数。

理论上讲凡是能够被昆虫取食的食物都可以用于诱集害虫。因此选取原料来源丰富、价格低、诱虫谱广的食物作为引诱剂是关键。目前小麦、小麦胚、燕麦片、胚芽油、麻油、椰子油、玉米油、向日葵油、糙米、碎花生和槐树籽粉等是应用较多的诱集食物。实际应用中发现,腐烂粮食气味能使锈赤扁谷盗聚集,麦油、麦芽油和玉米油对赤拟谷盗都有吸引作用,新鲜谷物对米象有引诱作用,碎粒小麦可使玉米象有聚集行为。

四、其他检查方法

(一)声测法

声测法也称听虫器检测法,20 多年来一直是昆虫声学领域研究的热点之一。它的原理是通过截取害虫在取食、运动、通讯时发出的声音,变成电讯号,再通过电子过滤器把昆虫发声的频率与环境声音的频率分开,并进行信号放大处理,根据音程的百分比和音程数量的多少分辨出昆虫的种类和数量。

不同种类的害虫信号基波频率不同，同一种群的成虫和幼虫声信号的基波频率也有明显的不同，可以根据基波频率数值初步确定贮粮害虫的种类。此外，声信号强度与其数量也存在一定的比例关系。1988 年 Webb 等人开发了一种基于密封管原理的自动声监测系统能够测报不同种类、不同大小水果中幼虫的存在。1997 年 Shuman 等研制了第二代“声探测昆虫特征检测器”，对检测多个害虫具有较高的准确率。声测法检测轻便、快速，而且灵敏度高，并可根据声强确定害虫的数量，但是这种方法只能监测、判断粮堆粮虫的有无，对于害虫类别的鉴定和种群数量的确认则有待于进一步研究完善。此外，声测法易受传感器噪声、环境噪声、信号噪声等方面的干扰，因此有用信号经常被淹没，而且对多数量害虫、复合种类害虫的声音信息分辨力较差，这些因素都限制了这种技术在实际中的应用。

（二）近红外检测

近红外检测法在 20 世纪 90 年代初研究较多。它是基于粮粒对近红外光吸收与反射的差异，把藏有粮虫的粮粒与完好无损的粮粒区分开来。害虫种类不同，自身含有的碳、氢、氮元素多少也不同，因此产生的红外光谱图也不相同。用近红外光 NIR 对粮食逐粒扫描后，依据反射与吸收的光谱不同，即可识别粮虫的种类。20 世纪 90 年代初 Ridgway C 和 Chambeers J 用波长为 1 202 纳米和 1 300 纳米的近红外光检测了 10 颗无虫小麦颗粒和 10 颗内部有虫害的小麦颗粒，结果表明近红外技术可以有效检测粮粒内部害虫。

该法对完好粮粒和虫蚀粮粒的鉴别效果较好，但是效率太低，而对差别较小的不同种类的成虫或幼虫的鉴别还达不到满意的效果，对不同成虫或不同幼虫的种类鉴别也达不到满意的效果。该方法目前还处于实验室研究阶段。

（三）图像识别法

随着计算机技术、信息处理、模式识别、智能检测等技术的发展，基于机器视觉的图像识别检测方法得到了快速的发展，成为粮虫智能检测方法的发展方向。图像识别法主要包括图像采集、图像处理、图像鉴别与分类三部分。

1. 图像采集 一般采用光学照相机、数码照相机、X线摄像、红外摄像等方式采集昆虫单张图像，也可采用CCD摄像机获取。

2. 图像处理 就是将图像转化为数字信号，再通过图像二值化、图像数字转化、性状识别和分析，提取有效的分类识别特征。

图像分类鉴定：通过特殊的算法和组合分类，如快速的模糊、神经网络等智能识别算法，结合某些技术手段和专家系统技术，智能识别害虫种类，并对害虫的数量自动计数，最后输出数据、发出指令。

美国学者Zayas(1998)采用机器视觉技术对散装小麦中谷蠹成虫进行了离线研究，结果表明：该法有较高的识别率，但残缺粮粒、草籽、害虫的姿态等因素对识别效果有较大的影响。在我国，利用图像处理技术识别害虫也取得了很大进展，已经运用在棉铃虫、玉米螟、象虫、谷蠹、大谷盗等害虫的识别中，检测准确率都在90%以上。

图像识别法优点是抗干扰能力强、精确、快速、可靠，操作简单，对特征明显的害虫识别率高。但是随着粮虫的种类增加，系统的复杂程度也增加，识别率将会受到较大的影响。因此如何建立完备的特征数据库，开发各类智能而又实用的算法，还有待进一步研究。

（四）生物检测法

主要是酶联免疫分析法，最早由美国得克萨斯州研究提出，可以用来检测贮粮害虫的幼虫、蛹和成虫的发生情况。该方法应用抗体与昆虫所具有的肌浆球蛋白互相结合而产生颜色，其色泽的深浅与肌浆球蛋白的含量成比例，其检测的结果可在 ELISA 显示器上显出。目前已经成功运用在小麦害虫的检测中。该方法灵敏度高，结果可靠，检测迅速，费用较低，因此将来在隐蔽性害虫的检测中应用前景很大。

（五）X 射线检测法

X 射线能显示粮粒内部的幼虫和蛹，也可检测出害虫蛀蚀形成的孔道，并在荧光板上呈现出较深的颜色，因此可以利用 X 射线来检查隐蔽性贮粮害虫。

第七章　有害生物的综合防治

害虫常常给农业生产造成损失，全世界每年由于虫害农作物产量平均损失13.8%。古往今来，人类一直与害虫做着不懈的斗争。而今，害虫防治已成为农业生产和丰收的重大课题。过去，防治方法主要是化学农药。然而，由于害虫日益增长的抗药性和人类对生态环境的关注，使人们不得不另辟蹊径，寻找更有效的办法对付害虫，有害生物综合防治由此应运而生。有害生物综合防治是一套害虫管理系统，它按照害虫的种群动态及与之相关的环境关系，尽可能协调地运用适宜的技术和方法，把害虫种群控制在经济损失水平之下，主要包括植物检疫、仓贮环境治理、物理防治、化学防治和生物防治。

一、检疫防治

(一)检疫防治的意义

检疫防治就是指利用国家颁布的法律，防止为害植物的危险性病、虫、杂草传播蔓延，保护农业、林业的生产安全，所以也叫法规防治。贮粮害虫的原发生地都具有一定的区域性，但随着人类经济活动的加强，国际和国内的贸易、商品往来的日益密切，以及其他人为因素为害虫的传播蔓延创造了条件。例如，蚕豆象原产于埃及，19世纪中叶传入英国，1870

年由英国传入美国，1917 年由美国传入日本，1937 年日本侵华期间，随日本马饲料传入我国。最初只在江、浙两省发生，而现在除一些边远的省份外，全国大部分地区都有蚕豆象的为害。被害率高达 60%，严重的甚至可达 90%以上。

仅据上海检验检疫局 2005 年初步统计，进境植物及植物产品达 3.98 万批次，出境植物及植物产品 4.1 万批次，如此大量的进出境货物量加速了检疫性有害生物入侵的概率。近年来入侵我国的外来有害生物呈现传入数量增多，传入频率加快，蔓延范围扩大，危害加剧，经济损失加重等趋势。如 1993 年 8 月 9 日，我国广州动植物检疫局检疫人员在对香港到广州的旅客携带物进行检疫时，发现了一位外籍旅客的行李中有内含实蝇幼虫的辣椒。经饲养使其羽化成成虫后发现这一实蝇为我国的检疫性害虫——地中海实蝇。在贸易自由化的新形势下，外来有害生物入侵引发的生物灾害和生物安全问题已是一种全球现象。据报道，美国、印度和南非每年因外来生物入侵造成的经济损失分别达到 1 380 亿美元、1 200 亿美元和 980 亿美元，且还不包含无法计算的隐性损失。为了防止检疫性害虫的传播蔓延，用检疫防治的方法是行之有效的，现在世界上大多数国家都采取了这种防治措施。

（二）检疫防治的任务

检疫防治的主要任务有三个方面：一是根据国际协议或双边协定以及贸易合同中的检疫条款，禁止带有危险性病、虫、杂草的植物或其产品由国外输入或由国内输出；二是将国内局部地区已发生的危险性病、虫、杂草封锁在一定范围内，不让其传播蔓延，并采取各种积极有效的措施逐步将其消灭；三是当危险性病、虫、杂草传入新的地区时，采取紧急措施，就地尽快、尽早彻底铲除。

（三）检疫防治的特点

1. 法制性 检疫防治是由国家颁布检疫条例、细则，并授权检疫机关检查和处理，从而达到制止危险性病、虫、草害传播蔓延的目的。

2. 预防性 检疫防治以预防为主，是国家通过公布国内尚未发生或分布不广的病、虫、草害的检疫对象名单，从而达到预防的目的。

3. 国际性 检疫工作需要国际交流与合作，和我国有贸易往来的国家和地区已经达到一百多个。因此，在了解国内病、虫、草害情况的基础上还需掌握国际检疫动态，参加国际间的检疫活动，与其他国家和地区签订检疫协定、协议等。

二、仓贮环境治理

（一）仓贮环境治理的意义及其基本原理

1. 仓贮环境治理的意义 仓贮环境治理是贯彻“以防为主、综合防治”保粮方针的重要措施之一，也是贮粮害虫综合防治的一个重要组成部分，是其他各种防治技术实施的基础。能否深入持久而有效地搞好仓贮环境治理，对限制虫、霉发生，保证粮食安全，维护人民身体健康都有着重要意义。

2. 仓贮环境治理的基本原理 仓贮环境治理是根据贮粮有害生物生态条件的要求与粮食安全贮藏条件的不同而实施的。大多数的贮粮有害生物都喜欢生活于温暖、潮湿、食物充足且肮脏的地方，贮粮害虫还特别喜欢在洞、孔、缝隙以及阴暗角落等部位栖息活动，完成其生长发育。粮食安全贮藏对环境条件的要求则是完全相反，它要求干燥、低温、清洁，因为这样有利于保持粮粒的生理活性和营养品质。仓贮环境治理就是要造成一种有利于粮食安全贮藏而不利于有害生物孳生繁殖的环境条件，从而达到抑制有害生物的目的。所以清洁的贮粮环境，不仅有防虫、治虫、限制微生物发生、繁殖的作用，还可以保持粮食的食用品质与卫生标准。

(二)仓贮环境治理的范围

在我国的粮食贮运工作中，仓贮环境治理的范围是非常广泛的，从粮食将要入库到粮食出库，只要是害虫有可能趁机侵入、为害的环节，都属于仓贮环境治理的范围。主要包括以下几个方面：粮食本身，贮粮仓房和场地，包装器材和仓贮用具，运输与加工机具。仓贮环境治理还应该贯穿在粮食收获、脱粒、整晒、入库、贮藏、调运、加工、销售等各个环节中。任何一环节出现差错害虫就有可能趁机侵入、蔓延为害，造成防治工作的被动局面。由此可以看出，仓贮环境治理工作牵涉面广，工作量大。只有全面、细致、持久地开展这项工作，才能收到预期的效果。

(三)仓贮环境治理的方法

1. 仓房的治理　仓房的治理分为入仓前和入仓后两部分。

(1)入仓前的工作　入仓前的主要工作是清洁卫生和消毒处理。

①清洁工作：粮食入仓前，对仓房中贮粮害虫可能隐蔽的地方进行彻底的清扫，清除尘土、蛛网以及抛撒的粮粒；清扫

对象还包括输送机、提升机以及通风孔道等。对洞、孔、缝隙中的虫卵、虫茧以及隐藏的害虫要进行剔刮，保证仓内面光洁，消灭贮粮害虫的隐蔽场所。

②消毒工作：在清洁的基础上，再用药剂消毒。有时在仓房内各处缝隙中隐藏着的微小害虫以及虫茧、虫卵用肉眼很难发现，因此必须用药剂消毒，才能彻底消灭仓内害虫。一次消毒过后，大部分害虫已被消灭，但有些害虫处于卵、蛹等抗逆性较强的时期，因此要查看消毒的效果，必要时进行二次消毒。

(2)入仓后的治理　粮食入仓后，贮粮货场及仓房周围要经常清扫，铲除杂草。粮仓内及仓房周围不能堆放杂物废品，仓房周围不要建造畜舍和饲养家禽家畜。每次场地作业结束后，要及时清扫，对尘杂、垃圾、筛下物等要及时清除。此外，还应根据仓内害虫活动情况，适时地在仓房内施用药剂，防止害虫传播蔓延。

2. 入库粮食的治理　入库粮食的质量是仓贮环境治理的重要环节。饱满、洁净、含杂质少、种皮完整的干净粮粒对害虫的生长有较强的自然抵抗力。因此在粮食入库时，应严格检查，认真处理，按质量等级的不同分开贮藏。对一些杂质较多的粮食，在入库前一定要先进行筛选除杂，提高粮食的洁净度，保证贮粮期间的粮食安全。如发现粮食中感染了贮粮害虫，应及时采取相应的措施将害虫予以消灭。粮食进仓后还要做好防护工作，粮食四周要喷布防虫线，门窗应设防虫网，防止能飞翔的害虫侵入，同时要防止害虫趁开门开窗之机潜入仓内。

3. 加工厂的治理　粮食加工厂是原粮加工为成品粮的场所。如果加工厂的治理搞不好，尘土、碎屑、垃圾到处乱堆，随风飞扬，不仅影响成品粮的品质，还影响工作人员的身体健康，也给害虫的栖息、繁育创造了有利的条件。有些害虫能破坏木质机具和丝织粉筛；有些害虫的幼虫会吐丝把碎屑连接成团，堵塞通风管道。所以，加工厂做好清洁卫生工作，建立健全的清洁卫生与消毒制度是很重要的。此外，厂房内由于机器设备较多，打扫卫生时的死角也较多，因此在平时清洁卫生时，对粉磨、粉箱、碾米机内部、升运机底部、管道、吸尘器、平筛、绞笼等部位应结合检修，进行彻底清扫，把留存在各个部位的原粮、加工产品、尘杂、害虫等彻底打扫干净。必要时用化学药剂熏蒸。对已感染了害虫的原粮，应先进行熏蒸杀虫后再加工，而不应把加工作为处理虫粮的手段。

4. 器材用具的治理 所有在贮藏和运输过程中要使用到的仓贮用具以及包装器材，要存放在专用的器材库内或货场内，不应与粮食或其他杂物混放在一起。使用前后应认真仔细检查，如果发现害虫，应停止使用，并隔离存放，防止蔓延。然后按器材性质和具体条件，采取药剂熏蒸消毒等方法防治害虫。这些器材在确定害虫彻底消灭后才能使用。

用于粮食运输的车、船和装卸工具，在使用前检验人员要协同监装人员认真检查，确认清洁无虫和符合国家相关标准后才能用于粮食运输。若发现有害虫、毒物、农药、异味等现象，要及时处理，在达到国家卫生标准后才能再用，处理后如果还达不到要求的，应更换车、船。

三、物理机械防治

(一)物理防治

1. 物理防治的原理 物理防治是指利用自然的或人为的物理因素作用于害虫有机体,使之死亡的防治方法。这些物理因素主要有高温、低温或造成害虫缺氧环境等。这些物理因素作用于害虫,能够破坏害虫生理功能或虫体结构而致其死亡。当然,要使害虫致死,这些物理因素都要超出害虫生命活动所能忍受的界限才行,但同时又必须对粮食的发芽率、营养成分和工艺品质影响很小或没有影响。换句话说,就是要达到既杀死害虫,又要保证粮食安全贮存的效果。物理防治使用安全、方法简单、杀虫效果比较好、易于推广,有些物理防治方法,如日光暴晒法,还具有防治费用较低的优点。

2. 物理防治的具体方法

(1)*高温杀虫* 仓贮害虫生长的适宜温度一般在18℃～32℃的范围内,如果温度超过45℃,害虫会因体内新陈代谢急剧加快,呼吸强度不断增强,体内营养物质不断消耗而处于昏迷状态,这种状态持续一段时间的话就会导致其死亡。温度越高,死亡所需的时间就越短。高温致死主要有以下几方面的原因:一是害虫体内水分蒸发过度。这主要是由新陈代谢加快,害虫需氧量大,造成气孔长时间开放,体内水分大量逸出造成的;二是蛋白质变性,使各种酶活力丧失以及害虫组织结构遭到破坏;三是脂类遇高温就会液化变性,引起昆虫组织破坏而死亡。高温致死不但速度快,而且这种死亡是不可逆的。

(2)低温杀虫　相对于高温杀虫来说，低温杀虫的时间要长一些，其中的过程变化也要复杂得多。害虫对于一般的低温可以以冬眠的形式安全度过，因此要达到杀死害虫的目的，必须超过一定的临界温度使害虫的体液冻结，细胞结构被破坏，这样害虫才失去了复苏的可能。所以，在用低温杀虫时，既要使低温达到一定的寒冷程度，又要维持一定的作用时间，才能使害虫致死。而不同害虫的临界温度是不一样的，即使是同一害虫，不同龄期、性别、不同地理种群都会存在差异。低温致死害虫的主要原因有以下几方面：低温使害虫体内的液体冻结，破坏了害虫的组织结构；新陈代谢缓慢，体力衰竭而死；酶活性受到抑制。

(3)气调防治　这一方法主要通过人为改变粮垛周围的空气成分，使害虫的新陈代谢受到抑制或破坏，使害虫死亡。一般空气中氧含量低于 2%，经 2 天，害虫就会死亡，而这一含量对粮食的为害很小。要造成缺氧的环境，方法很多，可以把粮仓密封或用塑料薄膜把粮堆密封，充入氮气或二氧化碳等气体、密封自行缺氧，也可以应用脱氧剂等。

(二)机械防治

1. 机械防治原理　机械防治是根据粮粒与害虫在物理性状、机械性能等方面的不同，以及害虫的形态、生物学特征等进行综合考虑，然后利用适当的机械运动，把混杂在粮食中的害虫清理出来的一种方法。如玉米象具有因震惊而呈假死的习性，再加上体型显著小于粮粒，我们就可以用筛子有效地把玉米象给清理出来。有些害虫则可以利用机械运动直接撞伤或击死。一般机械除虫不但能清除混杂在粮食中的害虫，减少对粮食的为害，而且还能清理出杂质。这样，不仅减少了粮食中的害虫数量，而且还破坏了残存害虫的生活环境，有利于粮食的安全贮存。

机械除虫也有自己的缺陷，它只适用于处理粮粒外的害虫，对蛀入粮粒内的隐蔽性害虫和鳞翅目害虫效果并不好。因此机械防治的同时应配合其他的防治方法才能收到预期的效果。机械除虫因其具有操作容易、费用较低等优点，在我国的运用已有较长的历史，且今后在我国各地农村和粮食仓库的应用范围仍会非常广泛。

2. 机械防治的具体方法 机械除虫以用到的机械设备的不同大体可分为：风车除虫清杂、筛子除虫清杂和风筛联合除虫清杂三种类型。

(1)风车除虫清杂 这是我国农村运用最广泛的除虫清杂方法。由于害虫、杂质和粮粒在形状、比重及在气流中所处位置上的不同，当它们通过风车时所受的阻力也不同，造成轻于粮粒的害虫、杂质被气流吹到远处，而粮粒则落到近处，从而达到了把粮粒与害虫、杂质分离的目的。和粮粒性状差异不大的虫体或杂粒采用这种方法就不容易把它们清除出来。在这种情况下，应再采取其他措施进行处理。

影响风车清理效果的因素主要是风叶的转速、均匀程度以及粮食的流量。风叶的转速决定着风车内气流的速度，转速快会把粮粒吹走，转速慢则不能把虫杂吹走，所以风叶转动的转速必须适当，且要均匀。粮食的流量应做到宽而薄，同时还要考虑风速的影响。风速快则流量大，风速慢则流量小。

(2)筛子除虫清杂 筛子除虫清杂主要是利用害虫与粮粒的体积、形状、表面性状等的不同，当粮粒与害虫在筛面上相对运动时，害虫杂质就会从不同的筛孔中被清除出来。

影响筛子除虫清杂效果的因素主要是筛孔和筛面层数。

筛孔大小主要根据粮粒与目标害虫的大小、形状来定，清除小于粮粒的害虫应选择便于害虫通过的筛孔，使粮食停留在筛面上；清除大于粮粒的害虫，则应该选择便于粮食通过的筛孔，使害虫留在筛面上。筛面层数主要是考虑到粮食中可能感染了多种大小不一的害虫，用多层筛面可筛除与粮粒大小不同的各种害虫。

(3)风筛联合除虫清杂　风车除虫清杂和筛子除虫清杂都有自己的弱点，风车除虫清杂不能清除与粮粒比重相近的害虫与杂质；而筛子除虫清杂不能分离与粮粒体积相近的害虫与杂质。风筛联合除虫清杂则能有效地克服这些缺点，提高除虫效果。

四、化学防治

化学防治最大的优点是杀虫力强、防效好，但也有对人畜有毒、污染粮食、易引起害虫产生抗药性等缺点。在我国贮藏物害虫防治中，按药剂的使用范围和防治对象进行分类，主要可分为保护剂和熏蒸剂。

(一)常用保护剂

保护剂又叫防护剂，是一类残效期较长的杀虫剂。在贮粮无虫或少虫时施入，可起到防护作用，其主要通过触杀和胃毒作用消灭害虫。常用的保护剂主要有有机磷杀虫剂、拟除虫菊酯类杀虫剂和氨基甲酸酯类杀虫剂。

1. 防虫磷　也称优质马拉硫磷，其原药纯度在97%以上，是世界上第一个普遍作为贮粮保护剂应用的农药。它是一种高效、低毒、广谱性杀虫剂，对昆虫具有较强的触杀和胃毒作用，有微弱的熏蒸作用。防虫磷对锯谷盗、大眼锯谷盗、谷斑皮蠹、烟草甲的防治效果好，对玉米象、米象、赤拟谷盗、杂拟谷盗、锈赤扁谷盗也有较好的防治效果，对印度谷螟与粉斑螟的幼虫、小圆皮蠹、四纹豆象的防治效果较差，对谷蠹、白腹皮蠹、澳洲蛛甲、粗足粉螨防治效果很差。防虫磷的热稳定性较差，粮温每升高10℃，其分解速度将增加1.5～2倍，而粮食的水分含量增高也将明显降低其防效作用。据报道，防虫磷与敌敌畏混合使用可明显增加对高等动物的毒性，故通常严禁与敌敌畏混用。防虫磷的使用剂量与其稳定性相关，在我国北方原粮的使用剂量为10～20毫克/千克，而南方则要高于30毫克/千克。农村贮粮剂量为15～30毫克/千克，国家粮库用药量为10～20毫克/千克的有效浓度剂量。

2. 甲基嘧啶磷 又称虫螨磷、安得利或保安定，是一种具有触杀、胃毒和一定熏蒸作用的广谱性有机磷杀虫剂。它对甲虫和蛾类都有较好的防治效果，对螨类防治效果更佳，但对谷蠹的防治效果较差。其防治效果受环境温度的影响很小，且防治效果好于防虫磷、敌敌畏、溴硫磷和杀虫松，药效持久。以硅藻土作为载体，按6～7毫克/千克的药量处理小麦，可有效地防治玉米象9个月。甲基嘧啶磷的一般用药量为5～10毫克/千克，农户应用时剂量要再提高50%。

3. 杀螟硫磷 原药纯度达93%以上的优质杀螟硫磷又称杀虫松，是一种具有触杀和胃毒作用的有机磷杀虫剂，药效好于防虫磷，但其防效也受粮食水分和温度的影响，在高温高湿条件下，用药量要加大。不同种类的贮粮害虫防治所需杀虫松的剂量差异较大，对谷象、锈赤扁谷盗、锯谷盗的防治效果最好，最低有效剂量为0.25～0.5毫克/千克；对玉米象最低剂量为0.5～0.75毫克/千克；赤拟谷盗和米象的最低剂量为1～2毫克/千克；而谷蠹需要的最低剂量最大，为15～20毫克/千克。

4. 溴氰菊酯 商品名为凯安保，是一种拟除虫菊酯类杀虫剂，对害虫以触杀为主，有一定的驱避作用，具有杀虫广谱、用药量少、作用速度快、药效持续时间长等特点。它对谷蠹的防治效果好，据报道，保持8～12个月无虫水平需要的药量仅为0.1毫克/千克，对于赤拟谷盗、米象和谷斑皮蠹，所需最低药量为0.9毫克/千克，玉米象为1毫克/千克，杂拟谷盗1.5毫克/千克。2.5%凯安保乳油的一般使用剂量为16～30毫升/吨粮，最高使用量不超过40毫升/吨粮。在使用时可将乳油与谷壳相拌，然后将药糠与原粮相拌即可。

5. 保安粮 又称溴·马合剂，是69.3%的防虫磷和0.7%的溴氰菊酯加7%增效醚配合制成的。它对谷蠹、玉米象有很好的防效，用于贮粮害虫防治的一般使用剂量为10～20毫克/千克，而用于包装粮表面或空仓杀虫的剂量为0.5克/米^3。

6. 谷虫净 是用多种亚热带天然植物性物质加少量溴氰菊酯混配制成的粗粉状剂型。其对人畜毒性低，不会出现令人难以接受的异味，使用安全。对贮粮害虫的防治效果好，尤其是对谷蠹的防治效果很好。

7. 保粮磷 又称杀·溴合剂，主要杀虫活性成分为1%的杀虫松和0.01%的溴氰菊酯。一般的使用剂量为400克/吨粮，防效期可达1年以上。

(二)常用熏蒸剂

1. 磷化铝 是一种高毒广谱性、杀虫效果好、价格便宜、基本无残毒的熏蒸剂。其对米象、玉米象、谷象、谷蠹、豆象、锯谷盗、杂拟谷盗和麦蛾等多种贮粮害虫防治效果好，但对粉螨无效，可用于处理成品粮、原粮、种子和仓贮器材。磷化铝制剂有56%的片剂和粉剂两种，片剂外观为灰色或灰绿色圆片，粉剂外观为黄棕色或灰绿色粉末。其一般使用剂量为每立方米粮堆施用片剂6～8克或粉剂4～6克；处理仓库器材中的害虫，每立方米用片剂4～7克或粉剂3～5克；空仓处理时每立方米用片剂3～6克或粉剂2～4克。熏蒸时应在10℃以上进行，且密闭时间一般不少于5天，因此，一般不用于检疫性应急处理。

2. 溴甲烷 又名溴代甲烷、甲基溴，是一种高毒、广谱、高效、扩散性强的熏蒸剂，且熏蒸时间短，一般不超过72小时，适宜用于紧急情况下的熏蒸。其对各种贮粮害虫及其各个发育阶段都有较强的防效，且对螨类的防效高于其他熏蒸剂。但现已发现，溴甲烷对臭氧层有破坏作用，已被联合国环境署列为大气臭氧层枯竭物质而加以限制使用，并将逐步取消。溴甲烷可熏蒸原粮、成品粮、薯干和油料等，但不适宜熏蒸豆类。其熏蒸粮堆一般的用药量为30克/米^3，空间体积15～20克/米^3，密闭时间为2～7天；熏蒸种子粮时，用药量按整个仓房计算，一般为15～20克/米^3，密闭时间为36小时。

3. 氯化苦 属高毒、广谱、易挥发、扩散性强的熏蒸剂，对米象、拟谷盗、谷蠹、豆象及麦蛾有良好的杀伤力，但对螨卵和螨的休眠体防效较差。其处理粮堆一般的使用剂量为35～70克/米^3；处理空间或器材时用量为20～30克/米^3。熏蒸温度最好在20℃以上，密闭3～5天，散气时间需5～7天，最少也要3天。氯化苦不能熏蒸成品粮、种子粮、芝麻及花生，地下粮仓也不能使用。

五、生物防治

生物防治是指利用害虫的天敌防治害虫。由于贮粮环境通常情况下适合天敌的生存,因此利用天敌控制害虫是粮食和种子贮藏期害虫防治的一个重要方法。生物防治能够有效控制仓库害虫暴发,具有对人畜安全、不污染环境、改善生态系统、降低防治费用等优点。但同时也存在一定的局限性,主要表现为对害虫的控制不如化学防治那样迅速、稳定和简便。因此,一般要与其他防治措施配合使用,以利于相互协调,取长补短。生物防治所利用的害虫天敌主要有天敌昆虫、捕食性蛛形动物、寄生线虫、病原微生物、昆虫信息素、生物调节剂等,其中以天敌昆虫和昆虫病原微生物的利用最多。

(一)利用天敌昆虫防治害虫

贮藏物害虫的天敌昆虫包括捕食性和寄生性两类。与化学杀虫剂和昆虫病原体不同,害虫对捕食者和寄生物不易产生抗性,或者说根本就没有产生抗性,因为天敌与寄主的协同进化有助于克服害虫抗性,它们对仓贮害虫种群的控制起着积极的、不易察觉的作用。目前,世界上许多国家已经允许在贮藏物环境中,使用捕食性和寄生性天敌防治害虫。黄色花蝽喜捕食锯谷盗、赤拟谷盗、烟草甲和印度谷螟的幼虫,对杀虫剂的抗药能力也比被捕者大,且在食物缺乏时有自相残杀的特性,以保持种群的延续。1980 年,华中农业大学姚康教授从美国佐治亚州引进黄色花蝽取得成功。另据报道,仓双环猎蝽控制印度谷螟的能力极强,对赤拟谷盗、锯谷盗及长角扁谷盗等的繁殖也具有一定控制能力。猎蝽能捕食在粮粒外生活的谷蠹、玉米象及麦蛾成虫。阎甲科的阎虫(Teretriosoma nigrescens Lewisz)对大谷蠹具有良好的捕食效果,现已在中美、西非和东非广泛使用。寄生性天敌防治贮藏物害虫也具有很好的效果。特别是防治鳞翅目害虫的寄生蜂,如麦蛾茧蜂和广赤眼蜂,可寄生印度谷螟、粉斑螟、地中海螟、烟草螟等。目前,部分寄生蜂已有商业化批量生产。

(二)利用病原微生物防治仓虫

病原微生物包括真菌、细菌、原生动物、病毒、立克次氏体等几大类,目前应用较多的是细菌。它们侵入仓虫的途径通常有两种:一是由仓虫的体壁或气孔侵入,如大多数真菌和某些线虫;二是由口器经消化道侵入,如大多数细菌、病毒和立克次氏体,这些病原微生物能随昆虫排泄物排出,可污染粮食并成为再侵染源。

真菌是惟一可穿透仓虫体壁而侵染的病原微生物,但真菌发挥其活性要求较高的湿度条件,而通常的贮藏环境是干燥的。因此,对利用真菌防治贮藏物害虫还存在一定的分歧。在众多的昆虫致病细菌中,最有利用价值的是芽孢杆菌属中的某些种类,其中苏云金杆菌(Bt)在仓虫防治中应用最广。它至少有23个血清型和30多个亚种,用于防治贮藏物害虫的主要是H_{3a3b}/戈尔斯德亚种。Bt对人畜安全,不会对贮藏物和环境造成危害,在仓虫防治上应用前景广阔。寄生于仓虫体内的病原原生动物有簇虫、球虫和微孢子虫。原生动物通常通过消化系统或母体传递而进入寄主体内,使仓虫产生慢性病变,增加寄主死亡率,或降低生育力抑制种群增长,原生动物优点是对人安全,作用持久,缺点是控制作用较缓慢。国际上通常利用信息素与原生动物孢子结合以引诱昆虫并使其感染，再将感染的昆虫放回其栖息场所而传染同种的其他昆虫。贮藏物昆虫病毒大多属于杆状病毒，现已经发现并分离出的贮藏物昆虫病毒有印度谷螟颗粒体病毒、粉斑螟颗粒体病毒和粉斑螟核型多角体病毒。仓虫感染病毒后，先是中肠细胞被感染，后全身组织感染，几天内便停止取食，通常4～12 天内死亡，且多数杆状病毒可通过母体传给子代或是由死亡虫尸释放出病毒颗粒体感染其他仓虫。据报道，使用病毒防治的经济费用可与熏蒸和气调相比拟，有望投入商业应用。

1. 昆虫信息素　用于仓虫监测和防治的昆虫信息素主要包括性信息素和聚集信息素两类。自 1996 年第一种贮藏物昆虫信息素从黑毛皮蠹体内分离鉴定出来之后，已有 40 种以上的贮藏物昆虫信息素被鉴定，其中很多可以人工合成的已作为引诱剂投入了商业应用。其作用是监测害虫、诱杀成虫、干扰雌雄成虫交配以达到防治害虫的目的。性信息一般由雌性分泌，吸引雄性交配。在贮藏物昆虫中，性信息素通常是由斑螟科、蜡螟科的蛾类雌虫及窃蠹科、豆象科及皮蠹科的一些种类的雌虫产生，这些仓虫与其他贮藏物昆虫相比，成虫寿命通常较短，只有数天到数周的寿命。聚集信息素通常由雄性分泌，诱集同种昆虫聚集活动、交配、取食。在贮藏物昆虫中，聚集信息素通常是由长蠹科、扁谷盗科、象甲科、锯谷盗科及拟步甲科的雄虫产生，这些仓虫成虫寿命与产生性信息素的仓虫相比相对较长，长达数周到数月。虽然把产性信息素和聚集素的昆虫分成两类，但实际上，许多昆虫两种信息素都会产生，只是相对于一种产生多些，另一种少些而已。

2. 生长调节剂　以昆虫生长调节剂为代表的生物杀虫剂被称为是继无机农药和有机农药之后的“第三代农药”。人工合成的与昆虫激素有相同或相似作用的化学物质，称为昆虫激素类似物，可以控制和调节昆虫的生长发育，因此被称为昆虫生长调节剂。根据其作用性质又分为保幼激素类似物、蜕皮激素类似物和几丁质合成抑制剂等几大类。国外曾用15种保幼激素类似物对印度谷螟、地中海螟、黄粉虫、拟谷盗、皮蠹类、谷蠹、烟草甲等10余种贮藏物害虫进行了试验研究，其中已开发利用效果最佳的是烯虫酯蒙515。蜕皮激素类似物结构复杂，难以人工合成且费用昂贵，被认为不适合用于害虫的防治，但后来发现一些植物中存在类固醇物质，当用这些物质处理仓虫时，幼虫期被缩短，其取食也减少，最终导致死亡。这类化合物对贮藏物害虫的防治效果仍在试验研究中。几丁质合成的抑制剂如灭幼脲，对印度谷螟、谷蠹、象虫、拟谷盗、锯谷盗、烟草甲等许多仓虫都有明显的抑制作用。据报道，用0.5毫克/千克的定虫隆剂量处理小麦，即可抑制米象、锯谷盗和赤拟谷盗后代的繁殖。有研究发现，灭幼脲类与有机磷杀虫剂之间存在着负交互抗性，因而抗马拉硫磷的赤拟谷盗品系对灭幼脲类更敏感。

第八章 主要粮种的贮藏技术

农作物种类繁多,粮食和种子的形态、生理各具特点,对于贮藏条件的要求也不一致。因此,本章介绍主要的农作物粮食和种子的贮藏特性和贮藏技术方面的知识,以便根据具体情况,在实际工作中灵活运用,使粮种能长期安全贮藏。

一、水稻粮种的贮藏

水稻是在我国分布较广的农作物,种植面积虽次于小麦,但产量却占第一位,且稻谷类型和品种繁多。因此,水稻粮种的贮藏任务很重。

(一)水稻粮种的主要贮藏特性

1. 耐贮藏 水稻粮种称颖果。籽实由内外稃包裹着,稃壳外表面被有茸毛,某些品种的外稃尖端延长为芒。正是由于这种特征,所形成的粮种堆通常较疏松,空隙比其他粮种禾谷类作物大(在50%～65%之间)。因此,贮藏期间粮种堆的通气性比其他种子好。水稻粮种的内外稃坚硬且勾合紧密,吸湿性较小,水分相对比较稳定,对气候的变化和虫霉的危害起到一定的保护作用。但在稃壳遭受机械损伤、虫蚀或气温高于粮种温度且外界相对湿度较高的情况下,水稻粮种的吸湿性将会显著增加。

2. 散落性差 水稻粮种的表面粗糙,散落性比一般禾谷类种子差，静止角度为 33°～45°，对仓壁产生的侧压力较小，适宜高堆，可提高仓库的利用率。稻谷的散落性也会因粮种的水分高低不平衡而存在差异，因此对于同一品种的稻谷，测定其静止角度可作为衡量水分高低的粗略指标。有时也可以凭手指感觉来大致辨别稻谷的散落性，稻谷水分高时籽粒间的摩擦增大，散落性减小，初步的水分感官检验就是以此为依据的。

3. 耐高温性差 稻谷在干燥和贮藏过程中耐高温的特性比小麦差，人工干燥或日光暴晒时，都会增加爆腰率，引起变色，降低发芽率和粮食的工艺及食用品质。因此在干燥或暴晒时，须勤加翻动，以防局部受温高而影响原始生活力。稻谷高温入库，如处理不及时，粮种堆内不同部位会发生显著温差，造成水分分层和表面结顶现象，甚至导致发热霉变。当持续高温影响时，稻谷所含脂肪酸会急剧增高。中国科学院上海植物生理研究所研究结果表明，温度在 35℃下，含有不同水分的稻谷放在不同温度条件下贮藏 3 个月，脂肪酸均有不同程度的增加。因此，贮藏在高温条件下的稻谷因内部发生变质，不适宜作种用，粮食经加工后，米质亦显著降低。

4. 易发芽和受冻害 新收获的稻谷生理代谢强度大，在贮藏初期很不稳定，易导致粮种产生“出汗”现象。产稻谷区域的湿度一般较大，而稻谷发芽需水量仅为 23%～25%。由此在收获期间，如遇阴雨天气，不能及时收获、脱粒或摊晒时，在田间或场院即可生芽；入仓后，如受潮、淋雨，也易萌发。我国东北地区由于霜期早，在收获期水稻往往不能达到完熟时间，尤其是晚熟品种，进而影响到粮种的安全贮藏。如果水稻在霜前达不到完熟，应提前在蜡熟期霜前收获。乳熟期收获的水稻，不论是霜前霜后收获均不能作种用。

(二)水稻粮种的主要贮藏技术

水稻相对来说比较耐贮藏,只要做到适时收获、及时干燥、控制好粮种温度和水分,及时防虫等,一般都可达到安全贮藏的目的。

1. 适时收获 水稻品种不同,其成熟的时期也不一致。收获时必须根据具体的品种成熟特性适时收获。过早收获的粮种成熟度差,瘦瘪粒多,不耐贮藏;过迟收获的粮种,在田间日晒夜露,呼吸作用消耗物质多,有时粮种还会在穗上发芽,这样的粮种也不耐贮藏。

2. 及时干燥 未经干燥的稻谷堆放时间不宜过长,否则容易发热或萌动甚至发芽,最终影响粮种的贮藏品质。在早晨收获的稻谷,即使是晴天也会由于受朝露影响,稻谷水分可达28%～30%;午后收获的稻谷为25%左右。一般情况下,水稻脱粒后,立即暴晒,经过2～3天即可达到贮藏安全水分标准。暴晒时如阳光强烈,要多加翻动,以防受热不匀而发生爆腰现象,水泥晒场更应注意这一问题。早晨出晒不宜过早,事先应预热场地,因场地与受热稻谷温差过大会发生水分转移,影响干燥效果,这种情况对于摊晒过后的稻谷更为明显。机械干燥稻谷时,温度也不能过高,否则易灼伤粮种,影响品质。

如果遇到阴雨天气,要采取薄摊勤翻、加温干燥、鼓风去湿、药物拌粮等方法,尽量将稻谷水分降下来。加温干燥的粮温不宜超过43℃,过高会影响种子的发芽力。由于药物拌入湿稻谷内可抑制稻谷的呼吸作用,因此药物拌粮在短期内也能预防稻谷发热和生霉。华南植物研究所试验报道,含水量为28%的籼稻稻谷5 000千克均匀拌入4千克丙酸,在通气条件下可保存6天。在6天内能将稻谷干燥，基本上不影响其发芽率及品质。如果要用在其他品种的稻谷处理上，要经过试验才能确定其药物的用量。

3. 冷却入库 高温暴晒或加温干燥后的稻谷，要待冷却后才能入库。否则，稻谷堆内部温度过高会发生“干热”现象，时间长易引起稻谷内部物质变性，影响种子发芽率或粮食的品质。当然，热稻谷遇到冷地面可能会引起结露。

4. 严格控制稻谷水分 稻谷水分含量直接关系到贮藏期内的稻谷安全状况。据报道，稻谷水分为6%左右，温度在0℃左右时，可以长期贮藏而不影响发芽率和品质；水分为12%以下，可保存3年，发芽率仍有80%以上；水分在13%以下，可以安全越夏；水分在14%以上，贮藏到翌年6月份以后，发芽率会下降；水分在15%以上，贮藏到翌年8月份以后，稻种的发芽率几乎丧失。稻种的发芽率除受水分的影响外，还受贮藏期温度的影响。水分为10%的稻种，在20℃下贮藏5年，发芽率仍在90%以上；而水分为15.6%～16.5%的稻谷，在28℃下贮藏1个月便生霉。因此，稻谷水分要根据贮藏温度不同而加以控制。在生产上，夏季高温暴晒条件好，稻谷水分容易降低，因此对早稻入库水分应严些。而晚稻入库时气温较低，干燥较难，粳稻谷子的水分又不易降低，故入库水分可适当放宽些，但也不能太高，一般不能超过15%，太高易发热、生霉。

5. 防虫防霉 我国产稻地区的气候特点通常是高温多湿，易于仓虫的孳生。在稻谷入仓前通常已携带了仓虫的卵或幼虫，在贮藏期条件适宜时，便迅速繁殖，造成损失。稻谷中的仓虫主要有麦蛾、玉米象、米象、谷蠹、谷盗等，具体的防治方法见第四章。仓虫通常喜食稻谷的胚部和剥蚀皮层，使稻谷失去种用的价值，也降低了稻谷的酶活性、维生素含量及蛋白质等营养物质，使稻谷品质受到严重影响。仓虫在为害稻谷的同时还会引起稻谷发热。据报道，每千克稻谷中有20头以上的玉米象就能引起粮温上升；如超过50头时，粮温上升更明显。粮温的升高，易造成稻谷真菌的生长，引起粮堆受害部分发热、霉变、结顶、最终腐烂变质。而稻谷上的真菌大部分为曲霉和青霉，只有在温度低于18℃或是当相对湿度低于65%、稻谷水分低于13.5%时，真菌才不会活动。因此，要抑制稻谷真菌，除要充分干燥稻谷、降低仓库空气相对湿度外，控制仓虫的发生与为害也很重要。

二、小麦粮种的贮藏

我国小麦栽培面积最大，品种也多，且收获时恰逢高温季节，即使经过充分暴晒或干燥，入库后如果管理不当，也易吸湿回潮、生虫和霉变，贮藏较困难，要引起重视。

（一）小麦粮种的主要贮藏特性

1. 耐热性好　小麦的蛋白质和呼吸酶具有较高的抗热性，特别是未通过休眠的小麦，耐热性更强，特别是低含水量的种子对较高温度的影响具有很好的稳定性。据实验，含水量17%以下的小麦，在较长时间内温度不超过54℃，不会降低发芽率；水分在17%以上，但温度在不超过46℃条件下进行干燥或热进仓，也不会降低发芽率。我国各地常利用小麦的耐热性，采用高温密闭杀虫法防治害虫。但小麦陈种子以及通过后熟期的种子耐高温能力有所下降，因而用高温处理时应适当降低温度，否则会影响其发芽率。

2. 易吸湿 小麦为颖果，在脱粒时稃壳脱落，粮粒外部没有保护物，且种皮较薄，组织疏松，通透性好，在干燥条件下容易释放水分，同时也含有大量的亲水物质，在空气湿度较大时容易吸收水分。其吸湿的速度因品种而异，在相同条件下，白皮麦粒比红皮麦粒快，软质小麦比硬质小麦快，小粒、虫蚀粒比大粒快。小麦的吸湿和平衡水分能力在相同的条件下，比其他麦类高，也比稻谷强，因此麦粒干燥效果好，暴晒时降水快，而在相对湿度较高时容易吸湿提高水分。在吸湿过程中，小麦会产生吸胀热，产生吸胀热的临界水分为22%。水分在12%～22%之间时，每吸收1毫升水便能产生热量336焦。水分越低，产生的热量越多。因此，干燥的麦子一旦吸湿，不仅会增加水分还会提高种温。麦子吸湿后体积膨大，粒面变粗，千粒重加大，容重减轻，散落性降低，淀粉、蛋白质水解加强，为仓虫、微生物的繁衍提供了良好的条件，最终导致麦子发热霉变。为害麦子的主要害虫有米象、玉米象、谷蠹、麦蛾和印度谷螟等，其中以玉米象和麦蛾居多。

3. 通透性差 麦子通透性比稻谷差，孔隙度在35%～45%之间，需干燥密闭贮藏；保温性也不好，通常不受外界温度的影响。因此，当麦子堆内部发生吸湿回潮和发热时，不易排除。

4. 后熟期长 麦子的后熟期作用明显，特别是多雨地区的小麦品种，具有较长的休眠期，后熟期较长，有的需要经过1～3个月的时间。因品种不同，后熟期所需时间也不一样。通常红皮小麦比白皮小麦长，春小麦要30～40天，半冬小麦要60～70天，冬性和强冬性小麦要80天以上。我国北方的小麦品种后熟期一般较短，个别品种仅要几天，基本上没有后熟期。麦子的后熟期也与成熟度有关，充分成熟后收获的小麦后熟期短些，而提早收获的要长些。通过后熟作用的麦子可以改善面粉品质，但麦子在后熟过程中，呼吸强度大，酶的活性强，生理代谢旺盛，易产生“出汗”和“乱温”现象，严重时甚至发生结顶现象。据报道，麦子在后熟中酶活度逐渐上升，升到最大限度后开始下降，到后熟期完成时维持低的活性，尤其是淀粉酶活性的减弱，因此后熟期完成后，麦子的贮藏稳定性相应增加。小麦种皮颜色不同，耐藏性也存在差异，如红皮麦子耐藏性强于白皮麦子的。

(二)小麦粮种的主要贮藏技术

1. 密闭贮藏 新收获的麦子，只要质量合乎贮藏要求，就可以直接入库，但麦子易吸湿而引起生虫和霉变，因此一般采取密闭贮藏防止吸湿回潮，也可延长贮藏期限。密闭贮藏的麦子对水分的要求较严格，必须控制在12%以下才行，超过12%便会影响发芽，水分越高发芽率下降越快。据报道，水分为11%、13%、15%的麦子，在室温下用同样铁桶密封贮藏，1年半后，水分11%的麦子发芽率在94%以上；水分13%的麦子发芽率仅有69%；而水分15%的麦子，经过一个高温季节发芽率便下降，1年半后发芽率全部丧失。因此，麦子收获后要趁高温天气及时干燥，使水分降到贮藏安全值，再用坛、缸、瓮、铁桶或木柜等容器密闭贮藏，这样既可防湿又可防虫。

2. 低温密闭贮藏 小麦虽然耐高温，但要长年保管，低温贮藏对延长种子寿命和保持麦子品质效果更好。在我国北方一些地区，利用冬季严寒低温，进行除杂、翻仓、冷冻，使麦子温度降至0℃左右，趁冷堆成大堆密闭贮藏。这对消灭麦堆中的越冬仓虫，有很好的效果，且可延缓外界高温的影响。

据报道，在越夏时，麦子中层温度保持在25℃左右，下层温度保持在20℃左右，可多年保持小麦的品质。用低温库或恒温恒湿库保存小麦的效果更为理想。

3. 热进仓贮藏 利用麦子耐热性较强的特性，可采用热进仓法贮藏，这样也可以起到杀虫和促进麦子后熟的作用。小麦收获后，选择晴朗、高温天气，将麦子暴晒降水到12%以下，当麦温达到50℃左右，持续2小时以上，趁热入库堆放，并用麻袋覆盖2～3层以便保温，使麦温保持在44℃～46℃之间，经7～10天后掀掉覆盖物，及时迅速通风散热降温，至麦温达到仓温为止。否则麦子余温过高将对麦种的生活力产生不利影响，且降温时间长了，麦子会受外界温湿度影响而增加水分，甚至可能感染仓虫。但通过后熟期的麦子，由于耐热性降低，不宜采用此法。

麦子热进仓贮藏的关键是水分和温度，通常水分要求在10.5%～11.5%之间，高于12%将会严重影响发芽率和品质。温度低于42℃杀虫效果不好，温度越高杀虫效果越好，但温度高且持续时间长的话，对麦子的发芽率影响越大。通常麦温在46℃以上时密闭7天即可，低于46℃时则应密闭10天；如果暴晒温度达50℃以上时，将麦子拢成2 000～2 500千克的大堆，保温2小时左右再入库，杀虫效果将更好。热进仓的麦子温度较高，而库内地面和墙壁温度较低，二者温差大，麦子入库后容易引起结露或水分分层现象；再者麦堆上表层温度易受仓温影响而温度下降，与堆内层高温发生温差也会使水分分层，这样容易生虫和生霉。因此，麦子入库前须打开门窗使地面、墙壁增温，或铺垫经暴晒过的麻袋和谷壳来缩小温差。麦子入库时无论多少应一次完成，否则会造成麦子间的温差；入库后应在麦堆表面加覆盖物和密闭门窗，既可保温又能预防结露。

4. 密闭压盖贮藏 密闭压盖贮藏可以防治仓虫，特别是防治麦蛾效果好，此法对于散装仓麦子较适合。在麦子入库时，先将麦子堆表面耙平，再用麻袋2～3层或干燥谷壳灰10～17厘米覆盖在上面，可起到防虫、防湿作用，尤其是谷壳灰有较强的干燥作用，防虫效果更好。而覆盖物要盖得平坦、整齐，且每个覆盖物之间要求衔接严密不能有凸起或空隙，以防仓虫在空隙或间隙里活动、交尾繁殖。压盖贮藏后，要经常检查，以防麦子后熟期“出汗”发生结顶现象。在秋、冬交替季节，要揭去覆盖物降温。压盖密闭法能使麦子保持低温状态，防虫效果也好。

三、玉米的贮藏

玉米是我国一种非常重要的杂粮作物，在我国种植面积广、产量高，不仅是我国重要的粮食，也是医药、纺织业等行业的重要原料。与此同时，它也是一种非常难贮藏的粮种，农民朋友形象地形容“玉米度夏难，生虫又霉变”。玉米虽然难贮藏，但是如果我们掌握好它的贮藏特点，科学保管，还是可以将损失降到最低的。下面我们就介绍如何科学保管玉米。

(一)玉米的贮藏特性

首先，我们要了解玉米的贮藏特性，这也是玉米度夏难的原因所在。玉米的贮藏特性主要有以下几点：

1. 胚大，呼吸旺盛 胚是种子最重要的部分，也是种子唯一具有生命力的部分。胚部含有大量的营养物质，含水量也高，具有健康而营养丰富的胚的种子，才能发育成长为健壮的植株。玉米的胚几乎占玉米籽粒总体积的 1/3,占全粒重量的 10%～12%。胚部组织疏松,而且含有大量的蛋白质和可溶性糖、脂肪,所以玉米胚部吸湿性强,呼吸活动也比较旺盛,其正常呼吸强度是小麦的 9～12 倍。也正是由于呼吸旺盛,所以会放出大量的水分和热量,聚集在种子周围和粮堆内,使得粮堆湿度增大,粮温升高,若不及时排除,很容易发生霉变。

2. 胚部含脂肪多,容易酸败 胚部营养丰富,也是最容易发生酸败的部位。我们知道玉米整粒中 77%～89%的脂肪集中在胚部,所以玉米胚部的脂肪酸较多,脂肪酸值也始终高于胚乳,非常不稳定,若管理不善,很容易最先从胚部开始酸败。

3. 胚部带菌量大,容易霉变生虫 营养丰富的部位,也是害虫和真菌最喜欢的部位。在这里虫霉容易获得生长繁殖所需要的营养物质和生活条件,也最容易发生危害并扩散。玉米胚部营养丰富,因此微生物附着量也较多。贮藏一段时间后,其带菌量比其他禾谷类粮食高得多,而且胚部吸湿后,在适宜的温度下,真菌很容易大量繁殖,最常见的为黄曲霉。此时,害虫也更易繁殖为害,损失更为严重。

4. 吸湿性强,易生虫 很多粮食种子外面包裹有一层糊粉层,这层糊粉层对水的通透性差,可以保证种子不轻易吸收外界水分。与他们相比,玉米外部没有包裹这层透水不良的糊粉层,因此吸湿性强,可以轻易从外界吸收水分,尤其是遇到雨季,湿度大的情况,很容易吸湿,发热发霉。发热发霉又可导致玉米堆温度升高,湿度加大,易于贮粮害虫繁殖、为害。玉米象、大谷盗、杂拟谷盗、锯谷盗、印度谷螟、粉斑螟、麦蛾等就是比较常见为害玉米的贮粮害虫。而且这些害虫一般先为害胚部，因此玉米一旦感染了害虫，其胚部受害非常严重，不仅仅是重量的损失，其种子的发芽率也受到非常大的影响，相比其他粮种而言，后果要严重得多。

5. 玉米原始水分大，成熟度不均匀 北方地区为我国玉米主要产区，每年玉米收获时，已是晚秋，天气已转冷，阳光也不再强烈，因此采收前玉米得不到充分的暴晒干燥，含水量也较大，据调查一般新收获的玉米水分在20%～35%。同时，由于同一果穗的玉米，其顶部和基部授粉时间也不尽相同，存在一定差异，穗顶部的籽粒成熟慢，含水量也高，这也导致收获时玉米粒的成熟度不均匀，有些已经很成熟，有些却还含有很高水分，采收后堆积在一起，很容易发霉。

6. 脱粒损害较大，不利安全贮藏 很多农户贮藏玉米时，选择粒贮法，这就必须将玉米粒从棒子上剥离下来。由于脱粒时玉米容易受损伤，容易形成破碎粒，这样未成熟粒与破碎粒就会混合存在。破碎粒不仅容易吸湿霉变，进而引起附近其他玉米粒也跟着霉变，而且破碎粒还是贮粮害虫非常喜爱的食物，很容易吸引贮粮害虫前来为害，客观上增加了玉米贮藏的难度。

（二）玉米的贮藏技术

我们了解了玉米的贮藏特性，也就找到了科学贮藏玉米的办法，主要集中在两个方面：一是降低玉米含水量，二是控制贮藏期温度。具体说来，在玉米贮藏过程中我们要做到以下几点：

1. 适时采收 适时采收对于玉米的科学贮藏很重要，一般在完熟期，即在秸秆变黄、叶片枯萎、果穗茎变成白色并干枯松散、籽粒坚实发亮时采收。而且采收前5～10天将果穗叶片全部拨开，晾晒果穗，即人们常说的"站杆扒皮法"，可一方面促进玉米成熟，也可以利用高温降低玉米水分，有利于收获后的安全贮粮。

2. 贮存场所的清理和消毒 种子入仓前，要首先对仓库及仓具进行清理、消毒。采用敲打、洗、暴晒和开水烫等方法清理编织袋、筛子等器具，杀菌除虫，清除其他种子、杂质和垃圾。也可用80%敌敌畏乳油按100～200毫克/米^{2}用量喷雾或挂条施药，或者用0.5%～1%敌百虫溶液按3升/100米^{2}喷施，给仓库消毒，施药后密封72小时后再通风24小时，然后才可以进入仓库。

3. 种子处理 种子入库前，还得经过以下几个环节：

(1)充分晾晒，降低水分 为确保玉米安全贮藏，水分含量最好降低至13%以下，采用田间降水或脱粒后晾晒、烘干均可。

(2)分等级 按含水量不同划分为不同等级，分开贮藏。为安全贮藏打下初步基础。

(3)除杂质 含杂质多的玉米容易发生霉变和虫害。因此，玉米在入仓前要过风过筛，清除玉米中的杂质。此外，新种子和陈种子，有虫病和无虫病的种子也要分开贮藏。

4. 种子贮藏方式 玉米贮藏有果穗贮藏和粒藏法两种。

(1)果穗贮藏 此法具有新收获的玉米果穗在穗轴上继续后熟、便于空气流通、堆内湿气较易散发、较抗虫霉侵染危害等优点，我国北方和常年相对湿度较低的丘陵山区，采用穗藏法较为适宜。果穗贮藏法有挂藏和玉米仓堆藏两种。

(2)粒藏法 此法仓容利用率高，如仓库密闭性能好，种子处在低温干燥条件下，可以经较长时间的贮藏而不影响生活力。采用此法贮藏种子，对水分要求较高，一般以不超过

13%为宜。常年相对湿度较高或仓房条件较好的地区采用粒藏法较为适宜。

5. 药剂处理 种子入库后，可以用磷化铝片剂熏蒸仓库，分上、中、下3层，按6～8片/1 000千克杂交玉米用量，零散施药，熏杀仓库内害虫。也可以按使用说明，用保粮磷拌种或用防虫磷制药载体拌粮法贮藏。

6. 低温贮藏 温度较低时，害虫和真菌的活力较差，危害也较轻，所以，低温贮藏对于减轻虫菌的危害具有很重要的意义。有条件的农户，可以采用制冷机等设备将仓库温度控制在20℃以下。没有条件的农户，也要注意仓内温度，一般水分含量在13%时，温度不要超过30℃；水分含量为14%时，温度不超过27℃；水分含量为15%时，温度不超过24℃。

7. 加强仓库通风 种子入库后，要适时通风，尤其是仓库温度较高或种子含水量较大时，一定要及时通风。通风时间也要注意，一般选择在9～10时或18～19时，尽量避免在中午时间通风。此外，应该选择天气晴朗时通风，而雨天雪天不能通风，夜间有雾的时候也不能通风。天气严寒，滴水成冰时可以通风。遵循以上这几个要领就能正确掌握通风时间了。

8. 防霉防虫 玉米在贮藏期间，要勤检查，重点做好防霉防虫工作。要解决霉变问题，关键是做好通风工作，结合冬季寒冷干燥的气候条件，采用自然通风或机械通风的办法，降低粮堆的温度和湿度，达到预防、延缓和消除霉变发热的目的。对于贮藏期间为害玉米的害虫预防，我们可以在春季到来气温变暖前对玉米实行趁冷压盖密闭贮藏，这对防止蛾类害虫有较好的效果。若粮堆内已存在感染害虫的玉米，应该立即采用过筛等处理，减少对其他健康玉米的感染机会。当然，有条件的农户可以两种方法相结合使用，即对玉米进行冬季冷冻和春晒过筛相结合的处理方法，这样防虫效果更好。

四、豆类的贮藏

豆类的品种很多，主要有大豆、蚕豆、绿豆、豌豆和赤豆等。根据豆类含营养素的种类和数量可将它们分为两大类。一类是以大豆为代表的高蛋白质、高脂肪豆类。另一种则以碳水化合物含量高为特征，如绿豆、赤豆。由于豆类富含蛋白质和脂肪，在贮藏过程中容易出现吸湿生霉、浸油赤变、品质劣变、发芽力丧失等不良现象，贮藏稳定性较差。与贮藏禾谷类粮食作物相比，豆类的贮藏要求更高、条件更严，除要防止出现发热、生霉等贮粮隐患外，还要保证不浸油、不酸败、不变质，维护好食用品质和商品价值，因此在贮藏保管过程中较其他粮种难保管。本篇就以大豆和蚕豆为主介绍一下豆类的贮藏技术。

（一）大豆的贮藏

大豆作为一种粮油兼用的经济作物，含有很高的蛋白质（40%左右）、脂肪（18%～20%）、糖分和多种维生素（25%～28%），其营养价值和食用品质居所有粮食之首。

1. 大豆的主要贮藏特性

（1）*水分活性高，耐贮性较差*　大豆所含的脂肪是疏水性物质，整粒大豆含水量较低的情况下非脂肪部分的含水量可高达16%以上，水分活性高，耐贮性较差。

（2）*后熟期长*　大豆从收获成熟到生理成熟和工艺成熟的后熟期较长。在贮藏期间，合成作用和呼吸作用会释放出较多的水分和释放大量能量，如不及时采取通风降温措施，水分就会积聚在豆堆的某个部位，造成局部“出汗”和升温。这些都对大豆的安全贮藏不利，严重时还会出现发热甚至霉烂现象，使大豆失去使用价值。

(3)品质容易劣变　大豆不耐高温，过高的温度会引起大豆的主要成分发生物理、化学和生物性质的变化，对大豆的外观质量和内在质量均产生不良影响。如过高的温度可使大豆的种皮颜色发生变化，进而使大豆的内部(如蛋白质和脂肪等)发生劣变。此外，大豆还可以在较高的温度环境中失去生活力，从而导致其发芽率降低，使其商品价值和利用价值显著降低。

(4)导热性不好　大豆中脂肪的导热性不良，热容量大，当贮藏过程中出现高温后又很难快速降温，豆堆内长期积聚的热量会促使脂肪的氧化分解，会破坏大豆内脂肪和蛋白质共存的乳化状态，进而使豆粒的食用和使用价值降低，严重的可造成大豆发芽率的丧失。

(5)易发热霉变　大豆种皮较薄，通透性好，发芽孔又可吸收大量的水分，因而大豆具有很强的吸湿性。在湿度较高的环境中，大豆与禾谷类粮食相比更容易吸收空气中的水蒸气，增加其水分含量。

2. 大豆的贮藏技术

(1)提高入库大豆质量　对入库的大豆先要筛选，要求达到“干、饱、净”。

(2)充分干燥　大豆吸湿性强，长期贮藏的大豆水分必须在13%以下。首先要适时收获，以豆叶枯黄脱落，摇动豆荚有声时收割为宜，收割后在晒场上铺晒2～3天，荚壳干透有部分爆裂再行脱粒，这样可以防止种皮发生裂纹和皱缩现象，如水分过高可再次晾晒，但是应尽量避免在阳光下暴晒，并要进行摊晾入库。

(3)低温密闭贮藏　大豆含油量高，导热性不好，在高温情况下会引起红变，因此，应采取低温密闭的贮藏方法。大豆收获后应等豆堆温度降低后再行入库。一般情况下，大豆入库后还要后熟，放出大量的热，不及时放热会引起发热霉变。可趁寒冬季节将大豆出仓冷冻，使大豆温度充分下降后，再进仓密闭贮藏。大豆种子要求的贮藏条件较高，应该在要求水分水平之下，晴朗干燥天气条件时入库，一旦遇到阴雨天气，种子必须入库的，应该单库存放，等天气晴朗时及时摊晾，存放时间不宜太长，存放过程要严格保障贮存条件，以保持较高的发芽率。

(4)干燥降水　主要是通过铺地晾晒的办法。特别是北方大豆，因收获较晚，秋季晾晒降水已不可能，只能依靠春季晾晒和采取其他方法降水。晾晒大豆要求粮面辐射温度不超过 15℃为宜。而且大豆怕雨浸，因此一定要在雨季前晾晒。烘干大豆时豆温应低于 40℃，以保持大豆的品质。烘干后的大豆，应充分冷却降温后方可入仓贮存。散装大豆也可在安装有通风设施的仓房通风干燥。

(5)定期检查　主要检查库房贮存的温湿度和大豆的被破坏情况，作为种子的大豆还要检查其发芽率和发芽势，尤其是在种子即将出库，进入播种阶段之前。

(二)蚕豆的贮藏

1. 蚕豆的贮藏特性　蚕豆是以含淀粉、蛋白质为主的种子，只要把水分降低到安全含水量 12.5%以下，其贮藏期间的稳定性是比较好的。蚕豆子叶含有丰富的蛋白质和少量脂肪，种皮比较坚韧；晒干后的蚕豆在贮藏期中很少有发热生霉现象，更不会发生酸败变质等情况。而经常遇见的问题是仓虫为害和种皮变色。

(1)种皮变色　由于蚕豆皮层内含有多酚氧化物质及酪氨酸等，在空气、水分、温度的综合作用下，氧化酶活性增强，加速了氧化反应。种皮变色过程，一般先在内脐(合点)和侧面隆起部分出现，开始呈淡褐色，以后范围逐步扩大由原来的青绿色或苹果绿色转变为褐色、深褐色以至红色或黑色。此外，遭受虫害的蚕豆也会变色。

(2)蚕豆象为害　蚕豆象是为害蚕豆的主要害虫。蚕豆象的成虫在蚕豆开花结荚期在田间产卵孵化幼虫。在蚕豆收获入库后，幼虫化蛹、羽化为成虫。

2. 蚕豆的贮藏技术

(1)囤藏法保藏蚕豆种子　当数量不很大时，应将水分晒到11%左右，收获后的蚕豆晾晒3～4天。贮藏时蚕豆包表面用草包覆盖以减少吸潮，在一定程度上可防止变色。

贮藏蚕豆量较大时，在做好前期的熏蒸准备工作后入库，要求将库内彻底的打扫，库房干燥、阴凉，通风条件好。贮藏较少的蚕豆时可使用瓦质容器贮藏，容器要留有一定的空隙，以便种子呼吸，保持蚕豆品质。

(2)含糠贮藏法　具体做法是在蚕豆入库时，先在囤底垫30～50厘米的谷糠，摊平，倒10厘米厚的蚕豆一层，然后上面再铺3～5厘米的谷糠，这样一层谷糠一层蚕豆相间铺平，到适当高度时，再在表面加盖30厘米厚的谷糠一层。需注意：蚕豆水分必须在12%以下，所用谷糠干燥无虫新鲜清洁。此外还要经常检查，若发现结露返潮，及时调换；每次检查完毕，照原状覆盖严密；围囤边沿空隙部分灌注谷糠杜绝害虫通过。

(3)*蚕豆象防治*　防治蚕豆象工作要采取田间与仓内同时并举的综合防治措施。从蚕豆象的生活史来看,成虫产卵和幼虫孵化是在田间进行的,但是蛹期和羽化却是在仓库中完成的。保藏蚕豆多采用两种方法杀虫:开水浸烫和药剂熏蒸。开水浸烫法是将蚕豆放在箩筐或竹篮里,浸入开水中浸烫25～28 秒,边浸、边拌。取出后,放入冷水中冷却,再从冷水中取出,摊晾干燥,杀虫效果可达 100%。但蚕豆的原始水分须在 12%以下,浸烫时间掌握在 30 秒以下,烫后随即冷却晒干,否则会影响发芽率。药剂熏蒸法是将蚕豆密封在坛瓮里,投入磷化铝片剂,密封 72 小时可杀死全部害虫。剂量按每立方米蚕豆 700 千克计算,用磷化铝 3 片(约相当于 233 千克蚕豆用磷化铝 1 片),熏蒸工作应在 7 月底之前完成。

五、油料作物种子的贮藏

我国是一个油料生产和消费大国,主要油料作物有油菜籽、大豆、花生、葵花籽和棉籽。我国年产油料 5 500 万～6 000万吨,每年进口油料 2 000 万吨左右。因此油料作物的贮存相当重要。

油料作物含有大量的脂肪,一般在 40%～50%,最少的也在 20%左右。其所含的脂肪又大都是由不饱和脂肪酸组成。因此在高温高湿情况下,由于酶、氧气和光的影响,易引起发热、霉变、浸油和酸败变质,导致发芽率降低,出油率减少,出现哈喇味。油料中的脂肪是疏水性物质,籽粒中的水分多集中在非脂肪部分,使非脂肪部分含水量偏高。非脂肪部分的含水量不超过 15%时,其呼吸作用一般趋于稳定。部分油料作物收获后有后熟现象，生理活动旺盛，入库后粮堆内部湿热易积聚，气温下降时极易产生结露或使局部水分增加，应加强通风，及时散发湿热，防止造成发热霉变。下面以油菜籽和花生为例介绍油料作物种子的贮藏技术。

(一)油菜籽的贮藏

油菜在我国的种植分布较广，可分为冬油菜区和春油菜区。

1. 油菜籽的贮藏特性 油菜籽最显著的特点是粒小、皮薄，与空气接触面积大，很容易吸收潮气。油菜籽收获前后正值梅雨季节，入库水分高，不易干燥，如处理不及时，很快就会发热霉变并发芽。在高温季节，水分过高时，可在一夜之间全部霉变。油菜籽发热霉变后，对出油率的影响如下：籽粒表面有白霉点，擦去霉点皮色正常或皮色变白的，肉色保持淡黄的，不影响出油率；皮色变白，肉质变红，有酸味的，出油率下降；结块，有酒味的，严重影响出油率；皮壳破烂，肉质成白粉状的，不出油。由于呼吸作用在料堆中产生的热和水分不能迅速除去，会加剧油菜籽中真菌的生长，产生结块、引发霉变，导致油脂的酸值和过氧化值升高，油品颜色变暗，质量等级下降。

在贮藏期间油菜籽还会受到昆虫和螨类的损害。关于油菜籽的贮藏技术，国内相关机构研究的不是很多。

2. 油菜籽的贮藏技术 各种油料作物主要采用低温干燥法贮藏，其关键是降低水分含量，将其控制在安全水分范围之内。油料的安全水分可用下式计算得出：安全水分＝(100－含油量)×14％。根据我国最新制定的农业行业标准，油菜籽的安全水分是9％。

贮藏油菜籽首先要做好及时收获，充分干燥和摊凉入仓。收获后，抓紧日晒降低水分含量。遇晴天，预先将晒场晒热，再晒油菜籽，晒时薄摊勤翻，将晒后的油菜籽摊凉之后再入仓。入库前必须对空仓进行消毒、杀虫，做好仓房维护工作。要保证入库油菜籽质量，尽量减少杂质。

其次，不同水分、不同质量的油菜籽要分别存放，存放方式有袋装存放和散装存放。散装存放在北方应用较多，袋装存放在南方使用较多。袋装存放的原则是根据油菜籽水分含量的高低确定堆放的包数。一般来说，水分在8%以下的油菜籽，可堆成10包高；水分在8%～9%之间的油菜籽，可堆8～9包高；水分在9%～11%之间的油菜籽，可堆成6～7包高；水分在11%以上的油菜籽，最多只能堆放5包；水分大于12%时，不宜存放，应及时晾晒满足水分要求条件后再行入库。

油菜籽的贮藏目前通用的方法是通风与干燥。根据空气的状态可将通风调控系统分为自然通风、自然空气干燥和加热空气干燥3种基本方式，有时也可采取组合方式。自然通风不需要任何设备，是一种经济有效的贮存办法。既适用于散装贮存也适用于袋装贮存。其缺点是空气交换量少，不能带走大量的湿热，且受气候影响大。在我国北方寒冷地区，冬、春季节的自然通风可作为获得低温的主要手段，对降低贮藏油菜籽的温度和水分都十分有利。在长江流域，冬季最冷月份的气温远远低于料温，这时就可通风降温。机械通风常被作为收获和干燥之间的临时贮存手段。国内最常见的几种油菜籽干燥机有混流式干燥机、滚筒式干燥机和流化床式干燥机。加工用油菜籽在干燥过程中的最高温度应≤70℃。种用油菜籽在干燥过程中的最高温度应≤43℃。

入库后的油菜籽要根据其自身温度和水分及库区的天气情况采取相应的贮藏手段。当入库菜籽堆温和库房温度较低时应采取密闭贮存措施。对于水分较高的菜籽，应采取强力通风及各种防霉措施加以整治。在贮藏过程中，要严格监测虫害情况，当虫害达到一定程度时，必须采用熏蒸方式杀死害虫。

（二）花生的贮藏

我国花生及其制品因品质优良、价格低廉而享誉国际市场，花生的国际贸易成为我国花生产业的一大特色。花生是我国重要的一种油料作物。

1. 花生的贮藏特性 花生收获期正值晚秋，气温较低，收获水分为30%～50%，所以容易遭受冻害。受冻的花生粒变软、色泽发暗，含油量降低，酸值增高，味道发生变化，并且极易受真菌侵害。

花生仁皮薄肉嫩，在干燥过程中容易裂皮变色，甚至产生焦斑，所以花生的干燥应以花生果晾晒和烘干为主。花生在贮藏期间的劣变现象主要有生霉、变色、走油和变哈。

花生的种皮（俗称红衣）由于受光、氧气、高温等影响容易变色。如从原来新鲜的浅红色变为深红色以至变为暗紫红色，说明品质开始降低，应立即采取措施，改善贮藏条件。

花生果的水分超过10%，花生仁的水分超过8%时，进入高温季节即易生霉。花生霉变要特别注意黄曲霉菌的感染，花生及花生制品是被黄曲霉毒素污染最严重的粮种之一。

2. 花生的贮藏方法

（1）花生果要适时收获，及时干燥、清理 这对花生的安全贮藏十分重要。掌握花生的成熟期，适时收获，防止收获时

花生果受损或者破裂，并在晴朗天气采收。刚收获的花生不应堆放，应摊开晾晒，阴雨天要求人工通风。干燥后的花生应及时包装入库。

花生果可在仓内散存或露天散存，要求将水分控制在10%以内，堆高不超过2米。在冬季，通风降温以后，趁冷密闭贮藏，效果更好。

(2)花生仁的贮藏　花生仁的贮藏要合理掌握干燥、低温、密闭三个环节。长期贮存的花生仁必须控制其水分在8%以内，最高堆温也不宜超过20℃，并适时密闭防止虫害感染和外界温湿度影响，保持堆内低温、低湿，只有这样才能较好地保持花生仁的品质。

也可以气调贮藏花生仁，如在真空度为400毫米汞柱的情况下，充以适量的氮气，可以抑制花生的呼吸强度和虫霉侵蚀。此外，花生仁在贮藏中，最易遭受鼠害，应注意加强防鼠工作。

(3)花生贮藏期间的害虫防治　花生贮藏期间的主要害虫是印度谷螟，可以采取密封贮藏措施来控制。作为种子贮藏的花生仁不能熏蒸，熏蒸后的花生仁发芽率会明显降低。

(4)花生贮藏期的黄曲霉病防治　目前没有能完全防止黄曲霉毒素污染的品种，但可以选用福建、广东、湖北等地选育成功的中抗水平的花生品种。生产中如无抗黄曲霉的花生品种，则可选择抗虫或抗旱的花生品种。还可以通过防治地下害虫，防止花生荚果破裂，控制土壤温度和湿度，适时收获、快速干燥等方法预防黄曲霉病的发生。避免种子贮藏中35℃以上高温、13%含水量的环境出现，同时剔除被害虫咬伤的受害果等，都可减少贮藏期间感染黄曲霉病和黄曲霉毒素污染问题的发生，然后密封保存即可。

六、甘薯的贮藏

甘薯又名红薯、红苕、山药、山芋、白薯、甜薯、地瓜等，在我国已有 400 多年的栽培历史。其可实用部位为块根，由蔓茎上着生的不定根吸收养分膨大形成。除了可作为粮食直接食用外，还是食品、化工、医疗、造纸等十余个工业门类的重要原料，也是良好的饲料来源。甘薯产量虽高，用途虽广，贮存起来却并不容易，尤其是鲜薯，这也主要是由其贮藏特性造成的。

（一）甘薯的贮藏特性

1. 水分含量高，对环境湿度要求较高 与其他粮食不同，甘薯是块根作物，块根内含大量水分，因此对环境湿度要求较高。一般环境中相对湿度为 85%～90%较为适宜。若相对湿度小于 80%，甘薯即开始失水，水分不断减少，导致发生干缩糠心，其食用品质也随之降低。但是湿度也不能过大，最好不超过 90%。过大的话很容易造成结露，薯块上甚至出现水滴，引发真菌繁殖，导致甘薯发霉腐烂。

2. 对温度要求高，怕冷又怕热 甘薯对贮藏环境的温度要求也很严格，最适宜保管温度为 10℃～14℃。若温度高于 15℃，则甘薯容易受热，其呼吸活动会加强，消耗大量的养分，产生大量的水汽和二氧化碳，营养成分减少，食用品质降低，而且水分大容易生芽，发芽的甘薯其用途也受到很大限制。若温度低于 9℃，甘薯皮薄，很容易发生冻伤，导致蒸煮甘薯时会发生硬心现象，不易煮熟，食用品质降低。因此，在甘薯的贮藏过程中必须将温度严格控制在适宜的范围内。

3. 对空气状况要求严格，须经常通风 甘薯水分含量较高，呼吸活动旺盛，会放出大量的二氧化碳废气，一旦空气长时间不流通，必然导致二氧化碳浓度增大；另一方面，甘薯的贮藏一般是密闭贮藏，而且是长期密闭贮藏，通风机会少，空气流动状况很差。这两方面的因素结合起来，就易造成二氧化碳的累积。一旦二氧化碳浓度过高，就会造成甘薯细胞组织麻痹中毒，生活力受损，安全贮藏难度加大，严重时甚至会造成腐烂。所以在贮藏的过程中一定注意要选择适宜时机通风，补充氧气，排出多余的二氧化碳，防止二氧化碳累积引起甘薯中毒。

4. 易生病虫害，发生腐烂 甘薯皮薄，肉嫩、水分含量高，因此在收获、贮藏和运输过程中极易损伤，表皮破损，给病菌侵入提供了便利，一旦条件适宜病菌就在甘薯上繁殖危害，严重时会发生腐烂。甘薯发生腐烂，大多数情况下是由甘薯黑斑病、软腐病、茎线虫引起的，遭受侵染的甘薯，轻者局部腐烂、有苦味，重者全部腐烂，一定要引起我们的注意。在保管的过程中要轻拿轻放，发现生病的甘薯也要及时拣出，以免感染其他未受害的甘薯。

(二)甘薯的贮藏技术

知道了甘薯的贮藏特性，也就可以在贮藏的时候注意控温控湿，以及适时通风，做好这三点，安全贮藏甘薯并不是难事。具体说来，在贮藏甘薯时，可以从以下几个方面入手：

1. 适时采收 甘薯收获过早，成熟度不够，产量较低；收获过晚，天气转冷，又容易遭受冻伤，影响贮藏，最好选择在气温 18℃左右时开始收获。如果需要留种，一般应先收切干用的，后收作种用的。

2. 选好贮藏方式 甘薯的贮藏方式很多，有高温屋窖贮藏、土窖贮藏以及露天泥堆贮藏、挖洞贮藏以及防空洞贮藏等方法。这里主要介绍高温屋窖贮藏、土窖贮藏以及露天泥堆贮藏这三种方法。

(1)*高温屋窖贮藏* 高温屋窖贮藏是一种很好的贮藏方法，有条件的农户可以采用此法。它包括贮薯室和管理室两部分。当甘薯满窖后利用加温系统处理，15 小时内升温到 38℃～40℃，然后立即开窗通风降温，力争在 24 小时内将温度降到 13℃～14℃，关闭门窗，使温度维持在 10℃～14℃之间。此方法具有甘薯出入方便，管理简单，增强甘薯抗病率，降低腐烂率等优点。

(2)*土窖贮藏* 土窖包括地下井窖、棚窖和其他形式的窖。利用这种方法贮藏甘薯，除控制温度、湿度在适宜范围内外，还须进行分期管理：前期以敞为主，盖为辅；中期以盖为主，敞为辅；后期以敞为主，盖为辅。该方法具有使用方便，造价低廉，便于通风密闭等优点。

(3)*露天泥堆贮藏* 选择背风、向阳、地势高、干燥的地方，四周开好排水沟，垫高出地面 10 厘米左右的地基。堆基中心放置好高出薯堆 15 厘米左右的出气筒，垫上一层干麦糠或粗糠，将甘薯沿出气筒层层码好，然后再盖上一层 30 厘米左右的干麦糠或粗糠，外铺一层麦秸或稻草，再用细泥抹平封好。该法省工省力，费用较低，适合南方地区使用。

3. 甘薯入窖前的处理 甘薯入窖前主要经过以下处理：

①轻拿轻放，剔除有破伤、疡疤、虫蚀的薯块。

②日晒：最好在晴天时将甘薯晾晒后再入窖，使种皮失水干燥，韧性加强。晾晒时用杂草或薯蔓作遮盖物，一般是清晨揭开晾晒，日落前又盖好，如此重复 2～3 天即可。

4. 薯窖的处理 甘薯入窖之前，应对窖内消毒。可以选用石灰浆涂抹窖壁，或用福尔马林 0.5 升加水 25 升喷洒，也可以用 50%多菌灵 600 倍液或 5%安索菌毒清水剂 500 倍液等喷洒地窖消毒。如果是旧窖，消毒前还应该先将窖内四壁的旧土铲除一层，然后再喷药消毒。

5. 加强贮藏期管理，维持薯块的生命活力 主要要注意以下几点。

(1)合理堆放 为缩小散热面积，一般堆成正方形较好。同时也不宜堆得过高、过满，以不超过窖容积的 2/3 为宜。

(2)分期管理，合理通风 通过采取相关措施，将温度和湿度控制在正常范围之内。甘薯的贮藏一般分为三个时期，即贮藏前期、贮藏中期和贮藏后期，每个时期的侧重点也不同。入窖后 30 天内为贮藏前期，这段时期薯块刚入窖，生命力旺盛，呼吸强度也大，易形成高温高湿的环境条件，因此这段时间的主要工作是加强通风降温散湿，将温度控制在 15℃以下，相对湿度控制在 85%～90%。前期过后到立春的这段时间称为贮藏中期，这段时间气温很低，窖温比较低，薯块呼吸作用也弱，最容易受冷害，保温防寒是这段时期的工作重点，应该通过封闭通风孔、覆盖草垫或软草，加厚窖外保温层等措施，将窖温控制在 12℃～14℃之间。贮藏中期之后都称为贮藏后期，这个时期的管理重点以稳定窖温为主，应该根据天气情况，一方面适当通风换气，另一方面注意保温防寒，将窖温保持在合理范围之内。

(三)薯干的贮藏

以上介绍的是贮存鲜薯的方法，有些地方以薯干的方式贮存甘薯，其保存方法也有所不同。薯干是甘薯切片或切丝后晾干的成品，由于面积大，组织疏松，孔隙度大，因此吸湿性强，返潮快，而且缺乏外皮保护，营养物质暴露在外，极易生虫霉变，因此贮藏难度较大。要安全贮藏薯干，我们必须做到以下两点：

1. 充分晒干，以减少损失 水分低是安全贮藏的前提，过夏的薯干，贮藏时的含水量必须降低到11%；过冬的不宜高于13%。存放时可以先小堆存放，待水分均衡后再入仓，以保证同一堆的薯干水分含量均匀一致。

2. 低温通风和密闭贮藏相结合 在低温季节，应该适时通风，以实现降温降水的目的。为防止薯干吸湿返潮，仓库应用麦糠、麦草铺底围盖，使仓温不超过20℃。

七、棉籽的贮藏

棉花是一种重要的经济作物，在北方地区除少数省外，均有大量种植。

（一）棉籽的主要贮藏特性

棉籽种皮坚厚，一般在种皮表面附有短绒，导热性很差，在低温干燥条件下贮藏，寿命可达10年以上，在农作物种子中属于长命的类型。但如果水分和温度较高，也很容易变质，生活力在几个月内会完全丧失。

1. 种粒结构与成分 成熟后的棉籽，可分为种壳（包括内种皮和外种皮）、胚乳遗迹（包在胚外的白色薄膜）和胚（胚根、胚茎、胚芽和子叶）三部分。种皮结构致密而坚硬，外有蜡质层可防外界温、湿度的影响。种皮内约含有7.6%的鞣酸物质，具有一定的抗菌作用。种壳外面又有由外种皮的表皮部分细胞分化而成的短绒。棉籽的子叶是折叠在种子内的两个肾形的黄色薄片，占体积最大，上面有许多腺体能分泌棉酚。腺体越多，棉籽含棉酚量越高。种子中腺体的颜色会随着时间的推移而有所变化，新鲜的一般呈浅红色，陈年的种子则由于酚的氧化，腺体一般变为暗褐色。因此根据胚中腺体的色泽，可以辨别种子的新陈程度。同时腺体在棉花抵抗病虫害侵染中也起一定的作用。棉籽各部分的主要化学成分见表 8-1。

表 8-1　棉籽各部分的主要化学成分　（%）

棉籽部分	蛋白质	脂　肪	纤维素	碳水化合物	灰　分
整　粒	20.2	22.5	23.3	25.5	4.4
棉　仁	38.2	37.3	3.5	21.5	7.0
种　皮	6.2	2.7	42.0	42.0	3.0

注：引自中国农业科技出版社的《种子贮藏与加工》

一般将棉籽表面着生的单细胞纤维称为棉绒。轧花之后仍留在棉籽上的部分棉绒称为短绒，占种子重量的 5.5%左右。它容易吸湿，晒干后必须密闭贮藏。在潮湿条件下，短绒不但吸湿而且易孳生真菌，当相对湿度在 84%～90%时，霉菌生长很快，放出大量热量，积累在棉籽堆内不能散发引起发热。短绒的导热性也较差，具有相当好的保温能力，不易受外界温度的影响。如果棉籽堆内温度较低时，则能延长低温时间，相反堆内的热量也不易向外散发。干燥的棉籽很容易燃烧，因此在贮藏期间要特别注意防火工作。

2. 种子成熟度与水分　棉籽的耐藏性和成熟度有密切的关系。成熟后的棉籽种皮结构致密而坚硬，外有蜡质层保护，耐藏性较好。未成熟种子种皮疏松皱缩，抵御外界温、湿度的能力较差，寿命也较短。一般从霜前花轧出的棉籽，其内容物质充实饱满，种壳坚硬，比较耐贮藏；而从霜后花轧出的棉籽，种皮柔软，内容物质松瘪，在相同条件下，水分比霜前采收的棉籽为高，生理活性也较强，因此耐藏性较差。

由于在同一株上棉花从开花到种子完全成熟，延续时间可长达2～3个月，甚至同一棉铃中因授粉和营养条件的不同，种子的饱满度也有差别。所以在棉籽入库前，要进行一次检验，其安全标准为：水分不超过11%～12%，杂质不超过0.5%，发芽率应在90%以上，无霉烂粒，无病虫粒，无破损粒。此外，霜前花籽与霜后花籽不可混在一起，后者通常不作留种用。

棉籽成熟收获时，正值北方地区的秋雨季节，往往不能及时干燥。这种成熟度和水分不同的棉籽，往往引发贮藏中种子发芽率和脂肪酸的变化。

3. 其他特性 棉籽的脂肪含量较高，约在20%。其中不饱和脂肪酸含量比较高，易受高温、高湿的影响使脂肪酸败，特别是霜后花中轧出的种子，更易酸败而丧失生活力。

棉籽入库后的主要害虫是棉红铃虫，幼虫由田间带入，可在仓内继续蛀食棉籽，为害较重。幼虫在仓内越冬，到翌年春暖后羽化为成虫飞回田间。因此，在棉籽入库前后做好防虫灭虫工作是十分重要的。

棉籽的不孕粒比例较高，据统计，中棉约占10%，陆地棉约占18%。棉籽经过轧花后机械损伤粒也比较多，一般占15%～29%，特别是经过轧短绒处理后的种子，机械损伤率有时可高达30%～40%。上述这些种子本身生理活性较强，又易受贮藏环境中各种因素的影响，不耐贮藏。

(二)棉籽主要贮藏技术要点

棉籽从轧出到播种需5～6个月的时间。在此期间,如果棉籽堆放、温湿度控制以及人工管理不适当,都会引起棉胚内部游离脂肪酸增多,呼吸旺盛、微生物大量繁殖等问题,导致棉籽发热霉变,丧失生活力。所以在棉籽贮藏期间,应掌握以下技术环节。

1. 棉籽堆放 用于贮藏棉籽的仓库,仓壁所受侧压力较小,但也不宜堆得过高,一般只可装满仓库容量的50%左右,最多不能超过70%,以便通风换气。棉籽堆装时必须压紧,可采用边装边踏的方法把棉籽压实,以免潮气进入堆内使短绒吸湿回潮。由于短绒具有相当好的保温能力,所以棉籽入库最好在冬季低温阶段冷籽入库,这样可延长低温时间。当堆内温度较高时,则应倒仓或低堆,以利通风散热。袋装棉籽须堆垛成行,行间留走道。如堆放面积较大,应设置通风篱笼。

2. 水分和温度 我国地域广大,贮藏方式应因地制宜。华北地区,由于冬、春季温度较低,当棉籽水分在12%以下,可以用露天围囤散装贮藏的方法长期保管。冬季气温过低时,须在外围加一层保护套,以防表面棉籽受冻。当水分在12%～13%时,要注意经常给棉籽测温,以防发热变质。如果水分超过13%,则必须重新晾晒,使水分降低后才能入库。

华中、华南地区,温湿度较高,必须有相应的通风降温设备。安全水分也要求达到11%以下,堆放时不宜压实。在贮藏期间,保持种温不超过15℃。必须将长期贮藏的棉籽水分控制在10%以下。

3. 检查管理

（1）检查温度　棉籽堆积在仓库中须装置测温设备，方法是每隔 3 米插竹筒一根，管粗约 2 厘米。竹筒一端制成圆锥形以利插入堆内，在管内上、中、下各置温度计一支。当水分在 11%以下时，每隔 5～10 天测温一次；当水分在 11%～12%时或 9～10 月贮藏的棉籽，需每天测温一次。棉籽温度须保持在 15℃以下，如有异常现象，立即采取翻堆或通风降温等措施处理。

（2）杀虫　棉红铃虫和棉象鼻虫是为害贮藏棉籽的主要害虫，它们不但为害棉籽，而且还易引起真菌的繁殖，降低棉籽的质量。如在棉籽入库前发现有虫，可在轧花后进行高温暴晒或将 60℃左右的热空气通过种子 5 分钟，再装袋闷 2 小时，可将棉红铃虫杀死。如在棉籽入库后发现有虫，可用热气熏蒸棉籽，热熏时，将 55℃～60℃的热蒸汽通入种堆约 30 分钟，整个种堆受热均匀后，检查幼虫已死，即可停止。除了热熏，也可用药剂防治。在仓内沿壁四周堆高线以下设置凹槽，在槽内投放杀虫药剂，当越冬幼虫爬入槽内时便可将其杀死，也可用敌百虫、杀螟松和马拉硫磷等拌种。

（3）防火　棉籽的短绒燃点低，而棉籽含油量又高，所以遇到火种很容易燃烧。短绒在开始燃烧时往往不易察觉，一旦被发现时已酿成火灾，应予充分重视。总的来说要严禁火种接近棉籽仓库，所以要做到棉籽仓库周围不堆放易燃物品。仓库工作人员不带打火机、火柴等物入库，更不能在仓库内吸烟。

八、蔬菜的贮藏

(一)蔬菜种子的主要贮藏特性

蔬菜种子种类繁多,其形态特征和生理特性很不一致,故而其贮藏特性也各不相同。蔬菜大多数为天然异交作物或常异交作物,在田间很容易发生生物学变异。因此,在采收种子时应进行严格选择,在收获处理过程中严防机械混杂。

1. 蔬菜种子的寿命　蔬菜种子的寿命长短不一。有人按照种子寿命的不同,把各类种子分为长命种子(如番茄、茄子、西瓜等)、常命种子(如较长的有萝卜、白菜等,较短的有甘蓝、辣椒、豌豆等)和短命种子(葱、洋葱、胡萝卜等)三类。

种子的寿命与其遗传性状有关。如种子的结构,瓜类的果皮、种皮的组织较为致密和坚固,因而瓜类种子的寿命一般较长。种子的化学成分对种子寿命也有明显的影响。凡种子中含脂肪量较高的寿命较短,如含芳香油类的大葱、洋葱、韭菜以及某些豆类蔬菜的种子易丧失生活力,寿命均较短。

另外种子的寿命还和贮藏条件密切相关。一般在高温高湿条件下,种子容易丧失生活力;在低温干燥条件下,贮藏时间较长。主要蔬菜种子贮藏条件、时间与发芽率的关系见表8-2。

表 8-2 主要蔬菜种子贮藏条件、时间与发芽率的关系

蔬菜名称	贮藏条件	贮藏时间	贮藏后的发芽率(%)
番 茄	一般室内贮藏	3～4 年	88
	含水量 5%,密闭贮藏	5 年	89
	含水量 5%,密闭贮藏	10 年	83
	含水量 5%,－4℃,密闭贮藏	10 年	97
	含水量 5%,－4℃,密闭贮藏	15 年	94
茄 子	一般室内贮藏	3～4 年	85
	含水量 5.2%,密闭贮藏	5 年	87
	含水量 5.2%,密闭贮藏	10 年	79
	含水量 5.2%,－4℃,密闭贮藏	10 年	84
辣 椒	一般室内贮藏	2～3 年	70
	含水量 5.2%,密闭贮藏	5 年	61
	含水量 5.2%,密闭贮藏	7 年	57
	含水量 5.2%,－4℃,密闭贮藏	10 年	76
菜 豆	一般室内贮藏		
	相对湿度 50%,10℃贮藏	8 个月	80～90
	相对湿度 80%,26.7℃贮藏	8 个月	完全丧失
	相对湿度 35%,17℃贮藏	4 年	50
	适宜贮藏条件下有寿命 17 年的记录		
莴 苣	一般室内贮藏	3～4 年	80
	含水量 4.1%,密闭贮藏	3 年	88
	含水量 4.1%,－4℃贮藏	7 年	94
	含水量 4.1%,－4℃,密闭贮藏	10 年	91

续表 8-2

蔬菜名称	贮藏条件	贮藏时间	贮藏后的发芽率(%)
葱　头	常温,含水量 6.3%,密闭包装	5 年	89
	—4℃,含水量 6.3%,密闭包装	7 年	92
	—4℃,含水量 6.3%,密闭包装	10 年	78
	适宜贮藏条件下有寿命达 13 年的记录		
菠　菜	一般室内贮藏,适宜贮藏条件下有寿命达 13 年的记录	2～4 年	70
萝　卜	一般室内贮藏	3～4 年	85
	适宜贮藏条件下	8 年	14
大白菜	一般室内贮藏	3～4 年	90
芜　菁(蔓青)	一般室内贮藏	4～5 年	95
黄　瓜	一般室内贮藏	2～3 年	90
南　瓜	一般室内贮藏	3～5 年	95
西葫芦	一般室内贮藏	4 年	95
西　瓜	一般室内贮藏	4～5 年	95
胡萝卜	一般室内贮藏	2～3 年	70
	含水量 5.4%,贮温—4℃	7 年	67
	常温密闭贮藏	4 年	
芹　菜	一般室内贮藏	2～3 年	75
韭　菜	一般室内贮藏	1～2 年	80
大　葱	一般室内贮藏	1～2 年	80
茴　香	一般室内贮藏	2～3 年	60

注:引自中国农业科技出版社《种子贮藏与加工》

2. 蔬菜种子的安全水分　种子水分是影响蔬菜种子贮藏质量的重要因素之一，种子的变质过程随着水分的增加而愈趋严重。另外，由于大多数种类蔬菜的籽粒比较细小，如各种叶菜、番茄、葱类的种子，而且其中一些蔬菜种子的含油量较高，从而使蔬菜收获时含水量较高，耐高温能力较差。

所以蔬菜种子的安全水分一般以保持在 8%～12%为宜。水分过高，贮藏期间生活力的下降很快，特别是在南方气温高、湿度大的地区，应严格控制蔬菜种子的安全贮藏含水量，以免造成种子发芽率的迅速下降。

3. 其他特性　蔬菜种子籽粒小、重量轻，不像农作物种子那样易于清选。籽粒细小及种皮带有茸毛短刺的种子易黏附和混入菌核、虫瘿、虫卵、杂草种子等有生命杂质以及残叶、碎果种皮、泥沙、碎秸秆等无生命杂质。这样的种子在贮藏期间很容易吸湿回潮，还会传播病虫杂草，因此在种子入库前要对种子充分清选，以去除杂质。

（二）蔬菜种子主要贮藏技术要点

贮藏蔬菜种子，首先要根据蔬菜的种类、贮藏的时间等要求选择适宜的贮藏条件、方法和场地。在贮藏期间，即使种子已处于休眠状态，也绝不会停止其生命活动。因此，为保证作物种子安全贮藏，我们要科学、合理地做好贮藏工作。

1. 入库前的准备工作

（1）仓库的检修消毒　蔬菜种子入库前，应对仓库全面检修，检查通风系统是否完好，是否具备通风、防潮、隔热性能。还要做好仓库和仓具的清理消毒，将仓内的其他种子、杂物、垃圾等全部清除，剔刮虫窝，堵鼠洞、投鼠药，并用 80%敌敌畏乳油 100 毫克/米^3，密闭 3 天进行消毒，然后通风 1 天，即可进库存放种子。

(2)精选防杂　各种蔬菜种子，在入库前必须经过精选加工，以提高种子的净度。对于规模化生产的蔬菜种子，主要是根据种子的大小、比重、颜色等通过机械设备进行清选和分级。对于小规模生产的蔬菜种子，可以采用筛子或簸箕清除秸秆、泥沙、瘪粒和杂质等。另外，入库前，应对不同品种、不同等级的种子标上品种名称、数量、等级、含水量，生产单位和入库时间等，以防止蔬菜种子品种间的混杂。

(3)合理干燥　蔬菜种子日光干燥时须注意，小粒种子或种子数量较少时，可将种子放在帆布、苇席、竹垫上晾晒，每隔一段时间翻动一次，可以加速水分的蒸发。也可采用自然风干方法，将种子置于通风、避雨的室内，令其自然干燥。另外注意，午间温度过高时，可暂时收拢堆积种子，午后再晒。

2. 入库后的贮藏方法

(1)贮藏方法　大量蔬菜种子的贮藏与大田农作物贮藏的技术要求基本一致。对耐藏价值较低和贮藏时间较短的种子，可以在普通种子仓库内存放，一般的贮藏期大都在一年之内。有条件的应采用低温低湿库贮藏。

少量蔬菜种子的贮藏方法很多，可以根据不同的情况选用合适的方法。

①用低温低湿库贮藏：将蔬菜种子严格地清选分级，并干燥至安全含水量以下后，装入密封防潮的金属罐或铝箔复合薄膜袋内，放在低温低湿库内贮藏。这种仓库的温度在20℃以下，相对湿度在50%以下，每隔2个月要倒仓翻动一下种子堆，以减轻底层种子被压伤和压扁的现象。这种方法一般可以保存一年以上而不降低种子的发芽率。

②隔湿贮藏：隔湿一般是把充分干燥的种子，完全装在密

闭容器内或用适当的方法防湿包装。这样处理的种子即使在室温条件下，也能保持2年或2年以上的生活力。其隔湿材料一般用铝箔袋、聚乙烯薄膜袋或密封罐。

③在干燥器内贮藏：精选晒干的少量贵重种子可用干燥器贮藏。一般干燥器存放在阴凉干燥处，每年晒种一次，并换上新的干燥剂。这种贮藏方法保存时间长，发芽率高。

④整株和带荚贮藏：成熟后不自行开裂的短角果（如萝卜）及果肉较薄、容易干缩的辣椒，可整株拔起，整株或扎成一把，挂在阴凉通风处逐渐干燥，至农闲或使用时脱粒。用这种挂藏法时，种子易受病虫损害，保存时间较短，有些北方的个体户采用这种方法。

（2）合理堆放　种子进仓时的堆放方法，因地区特点、仓库条件、种子质量状况的不同，而分为散装堆放和包装堆放两大类。在蔬菜种子上应用较多的是包装堆放。包装堆放的特点在于通风方便，减少污染，便于运输和调拨工作。

3. 蔬菜种子贮藏期的管理

（1）隔湿防潮　阴雨天气，种子易吸湿返潮，此时应关闭门窗，防止漏水淋湿种子和湿空气的进入。

（2）及时通风　通风的主要目的就是为了降温散湿，提高种子安全贮存的保险系数，同时也达到气体交换的作用。可采用自然通风和机械通风两种方法。另外，需要掌握"晴通雨闭雪不通，滴水成冰可以通；早通晚通午不通（夏季），夜有露水不能通"的原则。

（3）勤于检查　合理设置温、湿度测定点，定时记录观测数据。定期检查种子含水量、发芽率、病虫鼠害等。根据季节、天气和生理状况，调整检查次数，在高温高湿的夏季、入库初期或有灾害天气时，应增加检查次数，发现异常，及时采取措施。

(4)日常维护工作　蔬菜种子所含蛋白质和油脂较多,贮藏过程中容易吸潮变质,降低发芽率。因此每年对库存的种子应翻晒 1～2 次,清除虫害、鼠害和霉变的种子,并且对库房彻底清扫,清除仓板背面的虫子和真菌,用福尔马林和敌敌畏对库房熏蒸杀菌杀虫。另外,禁止在夜间、大风、大雨天进行熏蒸工作。

(5)建立安全措施　种子库内要建有严格的防火、防盗、防虫、防霉、防混杂、防鼠、防雀等制度,专人负责。尤其要配备充足的防火设备,定点存放。

九、马铃薯的贮藏

马铃薯又称土豆、洋芋、山药蛋、薯仔(香港、广州人的惯称)等,国外也称其为地豆、地苹果、荷兰薯。马铃薯块茎可供食用,富含淀粉和蛋白质,具有很高的营养价值和药用价值,是重要的粮食、蔬菜兼用作物,又可用作饲料,同时也是淀粉、酒精、葡萄糖等工业的原料。

(一)马铃薯的主要贮藏特性

马铃薯富含大量淀粉和蛋白质,水分含量也高,这也决定了它的贮藏特性同其他的粮食作物相比有些不同,主要有以下几点:

1. 收获后一般有 2～4 个月的休眠期　马铃薯收获以后,仍然是一个活动的有机体,在贮藏、运输、销售过程中,仍进行着新陈代谢,故称之为休眠期。休眠期是影响马铃薯贮藏和新鲜度的主要因素,可以分为三个阶段:

第一个阶段为收获后的20～35天，称为薯块成熟期，也即贮藏早期。刚收获的薯块由于表皮尚未完全木栓化，薯块内的水分迅速向外蒸发，再加上呼吸作用旺盛，很容易积聚水汽而引发腐烂，不能稳定贮藏。而通过这一阶段的后熟作用后，可以使马铃薯表皮充分木栓化，蒸发强度和呼吸强度逐渐减弱，从而转入休眠状态。

第二阶段称为深休眠期，即贮藏中期。一般2个月左右，最长可达4个多月。经过前一段时间的后熟作用，薯块呼吸作用已经减慢，养分消耗也减低到最低程度，这时给予适宜的低温条件，可使这种休眠状态保持较长的时间，甚至可以延长休眠期，转为被迫休眠。

第三阶段称为休眠后期，也即贮藏晚期。这一阶段休眠状态终止，呼吸作用转旺，产生的热量积聚而使贮藏场所温度升高，加快了薯块发芽速度。此时，必须保持一定的低温条件，并加强贮藏场所的通风，维持周围环境中氧气和二氧化碳浓度在适宜的范围之内，从而使薯块处于被迫休眠状态，延迟其发芽。这一点对增加马铃薯的保鲜贮藏期非常重要。

另外，品种不同，休眠期的长短也不同，一般早熟品种休眠期长，晚熟品种休眠期短。此外，成熟度对休眠期的长短也有影响，尚未成熟的马铃薯茎的休眠期比成熟的长。贮藏温度也影响休眠期的长短，低温对延长休眠期十分有利。

2. 富含淀粉和糖，在贮藏过程中淀粉与糖相互转化 温度太低，尤其是温度降至0℃时，淀粉水解酶活性会增高，淀粉转化为糖，导致单糖积累，这也是为什么低温条件下薯块容易变甜的原因。这种情况造成马铃薯加工品容易褐变，食用品质下降。而如果贮藏温度过高，尤其是高于30℃时单糖又会重新合成淀粉，再加上呼吸所消耗的糖相对增加，因此糖分含量不断减少，容易发生薯心变黑现象。

3. 喜凉爽、高湿 马铃薯性喜低温，适宜贮藏温度在1℃～3℃，低于0℃时容易被冻坏，而高于5℃时又容易发芽。马铃薯喜欢较高的湿度环境，一般将相对湿度控制在85%～90%之间，以90%最为适宜。

4. 宜通风，要避光 马铃薯如长期受到阳光照射，表皮容易变绿，并产生对人畜有毒的物质，所以一定要放在黑暗的角落贮藏。适时通风可调节薯窖内温湿度，也可把二氧化碳等废气排出，是安全贮藏的重要措施之一。

（二）马铃薯的主要贮藏技术

知道了马铃薯的贮藏特性，也就知道了怎样科学贮藏马铃薯。其贮藏技术操作要点有：

1. 适时采收 就时间而言，春种的马铃薯，最好在7月份雨季来临前收获；夏、秋播种的在9月中旬收获为宜。也可看生长状况决定采收时机，若地上部分茎叶变黄、倒伏或枯萎，就可以采收。收获最好在晴天进行，以便收获后就地晾晒。

2. 贮藏方式 马铃薯的贮藏方式很多，有仓内贮藏、窖内贮藏、沟藏和挂藏等方式。

（1）*仓内贮藏* 有条件的农户可以选择这种方法。将马铃薯堆桩，不超过1.5米为宜，堆中插几个竹制通风管，四周再以砖或木板挡牢，随时检测仓内温度，适时通风。

（2）*窖内贮藏* 选择窖藏时，薯窖选址很重要，一定要选在地势高、干燥的地方建窖。采用井窖或窑窖贮藏时，由于入窖初期不易降温，因此马铃薯不能装得太满，一般不超过容积的80%，并注意窖口的启闭。若采用棚窖贮藏，则薯堆高度最好不超过 1.5 米，窖顶覆盖层要增厚，窖身也要加深，以免遭受冻害。

(3)沟藏　采用此法贮存时，沟长不限，应依贮存量多少而定；沟深度一般为 1～1.2 米，宽 1～1.5 米。沟挖好后，应该晾晒几天，待土质充分干燥后再放入薯块。薯块堆放厚度不宜过高，过高的话沟底及中部温度容易偏高，薯块容易受热腐烂，高度以 40～50 厘米为宜，寒冷地区可适当加厚，但不宜超过 70～80 厘米，然后覆土掩盖保温。覆土时不要一次盖完，要随气温下降分次覆盖。另外，下沟贮藏时间一般是 10 月份，之前可以将马铃薯放在荫棚或空屋内预贮。

(4)挂藏　悬挂贮藏适宜于贮存少量薯种。将经过挑选的马铃薯装入篮子或筐子中，悬挂在屋梁上即可。这种方法贮藏时可以自然通风，也可接受光照。最大的优点是，当马铃薯要播种时，已经有一部分长出根和芽了。当然，此种方法不宜贮藏食用的马铃薯，因为出芽后的马铃薯很可能含有毒素。

3. 严格挑选，分类贮藏　马铃薯入窖入仓贮藏前必须经过挑选，严格剔除病、伤和虫咬的块茎，也要拣出杂质，做到完整干燥，无腐烂、无杂质，防止入窖后发病。此外，还应该根据不同的用途，如食用薯、商品薯、种薯、加工薯等分类贮藏。

4. 老窖消毒　老窖已使用多年，烂马铃薯、病菌常会残存在窖内，所以新马铃薯入窖前应把老窖打扫干净，并用来苏儿喷一遍消毒灭菌，或者用福尔马林和高锰酸钾混合消毒，而后贮藏新马铃薯，以免将残存病菌带到马铃薯块上引起发病、腐烂，甚至造成“烂窖”。

5. 科学管理　马铃薯入窖后，必须实施科学管理，才能将损失降低到最小。马铃薯适宜低温贮藏，因此应该在窖内挂上温度计，经常检查，若温度过低，要通过密闭贮藏和适时通风，使窖内温度保持在1℃～3℃之间。有条件的最好在窖内也挂上湿度计，经常测试，应将相对湿度维持在90%左右，若相对湿度过高，可以放些石灰等干燥剂吸湿；若相对湿度过低，则可以放入水盆或水槽，提供水分。也可以适当通风，控制相对湿度。

6. 分阶段管理　贮藏前期马铃薯呼吸旺盛、放热多，因此窖口和通气孔须经常打开，尽量通风散热。贮藏中期外部温度已经很低，块茎也进入高度休眠状态，呼吸弱、散热量少，要注意密封窖口和气孔，必要时可在薯堆上盖草吸湿防冻以提高窖温。贮藏末期外部温度逐渐升高，应注意保持窖内低温，白天避免开窖，夜间打开窗口通风降温，以免马铃薯块茎发芽。

7. 杜绝与甘薯混存　有些农户图省事，将马铃薯和甘薯混存，这是绝对不行的。甘薯喜热，马铃薯喜冷，若按马铃薯的适宜温度贮藏，甘薯容易受冻腐烂；若按甘薯的适宜温度贮藏，马铃薯又容易发芽，产生毒素。所以，二者贮藏时应分开贮藏，不能混存。

主要参考文献

1. 王若兰,白旭光等. 粮食贮运安全与技术管理. 北京:化学工业出版社,2005

2. 王若兰等. 粮食仓贮工艺与设备. 北京:中国财政经济出版社,2002

3. 白旭光等. 贮藏物害虫与防治. 北京:科学出版社,2002

4. 国家粮食局行政管理司. 贮粮新技术教程. 北京:中国商业出版社,2001

5. 胡晋,孙黛珍等. 种子贮藏加工. 北京:中国农业大学出版社,2000

6. 路茜玉等. 粮食贮藏学. 北京:中国财政经济出版社,1999

7. 周继汤主编. 新编农药使用手册. 哈尔滨:黑龙江科学技术出版社,1999

8. 王殿轩等. 磷化氢熏蒸杀虫技术. 成都:成都科技大学出版社,1999

9. 赵志模. 农产品贮运保护学. 北京:中国农业出版社,1999

10. 张生芳,刘永平,武增强. 中国贮藏物甲虫. 北京:中国农业科技出版社,1998

11. 董海洲,于长伟等. 种子贮藏与加工. 北京:中国农业科技出版社,1997

12. 王佩祥．贮粮化学药剂应用．北京:中国商业出版社,1997

13. 王振清等．粮仓建筑与结构．北京:中国商业出版社,1992

14. 林冠伦．生物防治导论．南京:江苏科学技术出版社,1988

15. 郑州粮食学院．贮粮害虫防治．北京:中国商业出版社,1987

16. 贮粮害虫防治编写组．贮粮害虫防治．北京:中国财政经济出版社,1986

17. 姚康．仓库害虫及益虫．北京:中国财政经济出版社,1986

18. 上海市粮食贮运公司,上海市粮食学校．粮食保管．上海:上海科学技术出版社,1985

19. Subramanyam Bh, Hagstrum D W. Alternatives to pesticides in stored-product IPM,Kluwer Academic Publishers,2000

20. Kansas State University. Heat treatment workshop, Manhattan Kansas USA,1999

21. Donahaye E J, Navarro S, Varnava A (eds.). Proc. Intl. Conf. Controlled atmosphere and Fumigation in Stored Products,1997

22. Schmutterer H, Ascher K R S. Natural pesticides from the neem tree and other tropical plants,Proceedings of the Second International Neem Conference,1984

23. 李灿,冉珩等．中药材贮藏害虫优势种药材甲形态及生活史．植物保护,2007,33(1):123～125

24. 陈栋,张颖悦等.MATLAB在贮粮害虫图像处理中的应用.粮食贮藏,2005,34(1):3～7

25. 郑旭光,左永明等.XS-C1型粮仓害虫仓外检测系统应用试验报告.粮油仓贮科技通讯,2004(6):42～44

26. 周龙等.贮粮害虫智能检测方法的分析.粮油食品科技,2004,12(4):7～9

27. 胡晋.谷铁成主编.种子贮藏原理与技术.北京:中国农业大学出版社,2001

28. 王成俊.作物种子贮藏.成都:四川科学技术出版社,1985

29. 浙江农业大学种子教研组译.种子贮藏原理与实践,北京:农业出版社,1983

30. 洪晓月,丁锦华主编.农业昆虫学.北京:中国农业出版社,2007

31. 崔晋波,邓永学等.高大平房仓散装稻谷贮粮害虫年消长动态研究.粮食贮藏,2007.36(03):3～7